AF345214

LA DOCTRINE

DES

ENGRAIS CHIMIQUES

AU POINT DE VUE DES INTÉRÊTS AGRICOLES

Paris. — Imprimerie A. PILLET fils aîné, rue des Grands-Augustins, 5.

LA DOCTRINE

DES

ENGRAIS CHIMIQUES

AU POINT DE VUE DES INTÉRÊTS AGRICOLES

RÉPONSE

AUX CONFÉRENCES DE VINCENNES

EXAMEN DES RÉSULTATS OBTENUS.

PAR

F. ROHART

Manufacturier-chimiste

PARIS

VICTOR MASSON ET FILS

PLACE DE L'ÉCOLE-DE-MÉDECINE

ET CHEZ L'AUTEUR, RUE NOLLET, 72

1869

PRÉFACE

Nous limitons ce petit ouvrage à la défense des principes qui sont le fondement de la science agricole appliquée à la question si importante des fumures et des fumiers, ainsi qu'à la technologie des engrais, et parce que la pratique agricole a consacré ces principes d'une manière universelle.

Cette défense nous est imposée par un système exclusif qui fait beaucoup parler de lui depuis quelque temps, et qui est un danger pour les intérêts de l'agriculture, en ce qu'il prétend renverser des idées reçues et sanctionnées par une pratique séculaire. Nous devons donc examiner ce qu'il peut y avoir de fondé dans la prétendue doctrine de

M. G. Ville qui a, dit-il, cherché des solutions nouvelles « en dehors des traditions consacrées par l'expérience. » Pour nous, aux idées préconçues, nous opposerons des faits démontrés expérimentalement.

L'idée de M. Ville a bien son point de départ dans une thèse d'école; mais en définitive, l'auteur la fait aboutir à une affaire, et pendant que l'agriculture se met en frais d'expériences, le promoteur du système fait sa petite moisson à la faveur de l'agitation qu'il a produite et des petits livres qu'il vend et fait vendre — par ses plus proches — jusque dans la Ferme impériale de Vincennes. Plusieurs centaines d'auditeurs ont pu le constater, *de visu*, et cela doit être dit, parce que ce détail appartient désormais à l'histoire très-tapageuse des engrais chimiques, et qu'il sert à bien montrer toute la distance qui sépare M. Ville de ceux des hommes illustres du corps enseignant qu'il a attaqués, et qu'il s'est permis de juger avec autant de passion que d'injustice.

Les erreurs agronomiques et économiques de la doctrine dite des engrais chimiques touchent à des intérêts trop considérables pour laisser passer sans examen les utopies de leur auteur. La situation

qu'il a faite lui-même à sa prétendue doctrine, in-
terdit de la mêler avec autre chose ; il faut qu'elle
reste seule et qu'elle soit traitée à part ; mais puisqu'il faut opposer des livres spéciaux à des livres
spéciaux, nous pensons que, quand il s'agit de faire
triompher les principes, l'intérêt personnel doit
autant que possible s'effacer, et qu'on nous permette de le dire pour bien définir le rôle que nous
entendons prendre en nous constituant le défen-
seur des principes que nous considérons comme
les seuls vrais : nous avons tenu, en publiant ce
petit volume, à en courir tous les risques, sans en
pouvoir percevoir aucun bénéfice.

F. ROHART.

Paris, 1er décembre 1868.

LA DOCTRINE

DES

ENGRAIS CHIMIQUES

AU POINT DE VUE DES INTÉRÊTS AGRICOLES

CHAPITRE PREMIER

POURQUOI ENGRAIS CHIMIQUES?

> « L'ignorance ne discute pas, elle prononce. Elle
> accepte les jugements tout faits, sans leur infliger
> le moindre contrôle, par caprice, par simple habi-
> tude, pour se conformer à telle attitude donnée,
> par une espèce de mode souvent, et toujours par
> bêtise. »
>
> (Un inconnu.)

Avant de dire ce qu'est la prétendue doctrine, et
avant d'entrer dans la discussion, un mot : Pourquoi
engrais chimiques?

Lorsqu'en 1862 nous ouvrions les portes du

marché agricole à des produits utiles restés jusque-
là sans emploi (aux sels alcalins de potasse et de
magnésie qui sont entrés aujourd'hui dans la consommation générale), nous mettions ainsi à la disposition de l'agriculture des ressources nouvelles,
et qu'elle ignorait ; c'était, évidemment, un apport
nouveau, un accroissement de matières premières
d'une certaine importance, puisque la production an-
nuelle de ces sels peut atteindre en France le chiffre
de 100,000 tonnes représentant près de 14 millions
de kilogrammes de potasse et près de 10 millions de
kilogrammes de magnésie, livrables à des prix très-
réduits.

Comme l'industrie des phosphates fossiles, celle-
ci existait en dehors de nous et ne pouvait nous in-
téresser que pour elle-même; mais elle n'écoulait
pas ses produits, parce que l'agriculture ignorait
leur existence et la possibilité de les employer avantageusement. Fermement convaincu de leur utilité,
comme de l'utilité des phosphates fossiles, nous
n'avons considéré que les services réels qu'ils pouvaient rendre, et nous n'avons pas hésité à frap-
per à toutes les portes afin de les faire accepter par
l'agriculture.

Nous avons réussi, sans faire beaucoup de tapage,
et nous aurions pu employer aussi la qualification
retentissante d'engrais chimiques, mais cela ne pouvait nous convenir, et nous avons tout simplement
appelé les choses par le nom sous lequel elles étaient

désignées avant nous. L'espérance d'accomplir une tâche utile nous suffisait pleinement, et nous aurions considéré comme une pauvre spéculation de l'orgueil de prendre prétexte de tout cela pour faire échafaudage à de petits calculs personnels et venir poser ensuite en sauveteur officieux de l'agriculture et lui promettre, avec beaucoup d'emphase, des millions d'hectolitres de froment et l'abondance de la Terre promise. Nous nous sommes contenté d'adresser la communication suivante à M. Dumas, vice-président de la commission d'enquête des engrais (1864). Ce document doit, pensons-nous, trouver place ici, à raison des renseignements utiles qu'il renferme, et parce qu'il s'agit aussi d'engrais chimiques, pour nous servir du mot actuellement consacré.

* * *

EMPLOI AGRICOLE DES SELS DE POTASSE ET DE MAGNÉSIE.

« Les sels de potasse et de magnésie provenant de la concentration des eaux mères des marais salants, sont à peu près restés sans emploi jusqu'ici.

« La France produit annuellement 700,000 tonnes de sel marin, pouvant rendre 13 pour 100 en sels potassiques et magnésiens; soit, en nombre rond, 100,000 tonnes de ces sels, dont voici la composition moyenne :

<pre>
Sel marin.........................   13,7
Chlorure de magnésium............   18,2
Sulfate de potasse...............   25,8
Sulfate de magnésie..............   12,4
Humidité normale.................   29,9
                                    ─────
                                    100,0
</pre>

« Ces chiffres correspondent :

« A 13^k932 de potasse réelle, par 100 kilogrammes du produit;

« Et 9^k840 de magnésie, par 100 kilogrammes du produit.

« Soit pour les 100,000 tonnes pouvant être obtenues annuellement :

<pre>
   13,932,000 kilog. de potasse
et 9,840,720 kilog. de magnésie.
</pre>

« En rapprochant ces chiffres des quantités de potasse et de magnésie que contient le fumier de ferme, on trouve, pour la potasse, une quantité équivalente à celle que renferment 2,665,901 tonnes de fumier; et autant de magnésie que celle contenue dans 4,100,300 tonnes de l'engrais de ferme.

« Voici les éléments de ce calcul :

« 1,000 kilogrammes de fumier normal donnent, à l'incinération, 67 kilogrammes de cendres, contenant 7,80 pour 100 de potasse, soit 5^k226 de cette dernière par tonne de fumier. De même, on trouve également dans les 67 kilogrammes de cendres de l'incinération de 1,000 kilogrammes de fumier 3,60 pour 100 de magnésie correspondant à 2^k400 par tonne de fumier.

« 14 millions de kilogrammes de potasse et 10 millions de kilogrammes de magnésie, pouvant être mis annuellement aux mains des agriculteurs, dans les conditions d'économie que je vais indiquer dans un instant, constituent une ressource ou au moins un appoint d'une certaine importance, et il m'a semblé utile d'en parler au moment où le gouvernement fait de si louables efforts pour augmenter la masse des matières fertilisantes, en vue d'une production agricole aussi abondante que possible.

« Convaincu depuis longtemps de l'utilité de ces sels, j'ai fait, durant ces dernières années, de nombreuses tentatives auprès des agriculteurs, afin de provoquer des essais sérieux sur différentes cultures dans la plupart des régions agricoles, et dans l'espoir de faire entrer ces produits dans la consommation générale.

« J'ai été peu secondé dans ces premières tentatives ; mais aujourd'hui, c'est-à-dire après une expérience de trois années consécutives, qui a porté sur l'emploi de près de 100,000 kilogrammes de ces sels appliqués à 500 hectares environ, leur utilité ne me semble plus douteuse, si j'en juge du moins par les témoignages des agriculteurs touchant les résultats obtenus. Je n'avais aucun autre moyen de faire avancer la question.

« Dans ces derniers temps, la consommation de ces sels s'est élevée dans un rapport tout à fait inusité, et ce fait a, je crois, une certaine signification.

« Puisqu'une enquête est ouverte au sujet des questions de cette nature, il m'a semblé que je devais compléter ma déposition en appelant l'attention de la commission sur les produits dont je viens de parler. Le moment me paraît d'autant plus opportun, que les sels de potasse des mines de Stassfurt-Anhalt essayent de pénétrer en France, même à des conditions de prix bien moins avantageuses pour l'agriculture que celles auxquelles sont livrés les sels de potasse et de magnésie de nos marais salants [1].

1. Puisque l'occasion s'en présente, constatons que depuis que l'emploi agricole de la potasse a été reconnu utile, la plupart des chimistes qui se sont occupés de cette question ont principalement fait porter leurs expériences sur les produits des mines de Stassfurt-Anhalt, desquels on a parlé partout sans accorder la moindre attention aux produits similaires de nos salines, dont la situation est pourtant si digne d'intérêt.

C'est ainsi que, nous autres Français, nous entendons aujourd'hui le patriotisme, et même c'est presque de mode, comme les courses.

M. Moll n'avait, hélas! que trop complétement raison quand il disait que pour faire accepter en France une idée française, il suffisait de la présenter avec un passe-port anglais, belge ou allemand. On a dit tout ce qu'il y avait à dire au sujet des produits prussiens, et l'on n'a pas dit un mot des produits français.

La même idée tend de plus en plus à se généraliser; c'est pourquoi nous protestons : tel organe de la presse agricole que nous pourrions citer, compte aujourd'hui des écrivains qui remplissent la

« La valeur agricole de 100 kilogrammes de ces sels s'exprime ainsi :

13^{k}7 de sel marin à 3 fr. les 100 k. = ... 0^{f}41
18^{k}2 de chlorure de magnésium à 10 fr. les 100 k... 1^{f}82
25^{k}8 de sulfate de potasse à 30 fr. les 100 k....... 7^{f}74
12^{k}4 de sulfate de magnésie à 12 fr. les 100 k..... 1^{f}48

D'où, valeur agricole des 100 k.......... 11^{f}45

« Ces sels sont vendus un peu au-dessous de leur valeur agricole, puisqu'ils coûtent 10 francs les 100 kilogrammes en gare à Paris.

« A l'origine, l'emploi agricole de ces sels ne s'est fait qu'avec une certaine hésitation. Beaucoup d'agriculteurs paraissaient douter du dédoublement des sulfates au sein de la couche arable, et redouter l'influence des chlorures, surtout pour les betteraves. Les résultats obtenus semblent permettre de conclure que si le dédoublement ne se produit pas toujours avec certains sels de soude dont la base est à peu près inutile aux plantes terrestres, il n'en est pas du tout de même à l'égard des sels de potasse si favorables à la végétation.

« Le dédoublement du plâtre dans la culture du trèfle, du sainfoin et de la luzerne, ainsi que le dédoublement des nitrates, pouvaient faire présager les résultats obtenus avec les sels de potasse et de

spécialité des admirations anglaises et prussiennes. C'est peut-être un nouveau genre de progrès qui va s'implanter chez nous : on fait tant et de si jolies choses aujourd'hui !.....

magnésie. Ces faits prouvent que le grand laboratoire de l'agriculture n'est qu'une immense fabrique, et que bien des transformations s'y opèrent certainement à notre insu, sans dépense aucune, sous l'influence de causes multiples et de forces diverses qui ne sont encore connues qu'incomplétement.

« C'est parce que je reste bien fermement convaincu que la potasse et la magnésie, prises ainsi à la mer, peuvent contribuer sérieusement désormais à augmenter la production agricole, que je vous prie, Monsieur le vice-président, de vouloir bien considérer cette communication comme faisant suite à ma déposition.

« Veuillez agréer, etc. »

*
* *

Avant M. Ville, MM. Lawes et Gilbert, de Rothamsted, ont fait agir également, comme agents de fertilité, les sels ammoniacaux, les nitrates, les biphosphates, la potasse et la chaux, de la même façon que M. Ville le fait aujourd'hui; mais MM. Lawes et Gilbert ont fait comme nous, ils ont tout simplement appelé ces produits par leurs noms, sans éprouver le moindre besoin de faire du bruit avec cela, ni de recourir à la qualification éblouissante d'engrais chimiques, pouvant faire croire aux naïfs qu'il y avait là quelque chose de nouveau. Il est même assez curieux de constater que MM. Lawes et Gilbert, qui pendant plusieurs années ont fait l'essai comparatif de ces divers agents, et qui comptent parmi les plus grands producteurs d'engrais de l'Angleterre, n'ont pas voulu risquer leur réputation en vendant aux agriculteurs anglais des produits arrangés comme ceux que M. Ville sait si bien prôner en France, du haut d'une chaire de la Sorbonne. Quand on considère le mouvement agricole en Angleterre et le développement considérable qu'y ont pris l'industrie et le commerce des engrais, il n'est pas douteux que MM. Lawes et Gilbert se seraient occupés de livrer à l'agriculture anglaise les mêmes produits que ceux recommandés par M. Ville, si des expériences très-bien faites n'étaient venues leur démontrer le néant de toutes les affirmations que M. Ville fait colporter aujourd'hui. Nous produirons d'ailleurs, dans quelques instants, la lettre si positive de M. Gilbert à propos des doctrines étourdissantes de M. Ville.

Tous ces faits donnent singulièrement à réfléchir, et, sans parler des comparaisons auxquelles cela peut donner lieu, nous devons au moins faire remarquer que M. Ville a bien mauvaise grâce quand, à propos de la *Trilogie agricole* de M. Barral, il reproche amèrement à ce dernier d'avoir fait, avec ce simple titre, du « *tape-à-l'œil.* » C'est le mot dont M. Ville s'est servi, et il a même pris la peine d'ajouter, lui qui s'y connaît sans doute : « C'est pour faire amorce à l'acheteur. »

Après cela, nous croyons n'avoir plus besoin de rechercher pourquoi cette dénomination éblouissante d'engrais chimiques sur les livres de M. Ville et dans les annonces. Les faits parlent assez haut et les commentaires sont inutiles; nous voulions simplement que chacun pût mettre le doigt sur la vérité.

***

Nul doute cependant que l'emploi agricole de quelques produits chimiques azotés ou alcalins ne soit désirable, s'ils peuvent satisfaire aux conditions de bon marché desquelles l'agriculture doit se montrer toujours préoccupée, comme nous nous en sommes préoccupé nous-même avant de signaler aux agriculteurs les sels doubles de potasse et de magnésie qui, à cette heure encore, donnent ces deux alcalis au prix le plus bas, quels que soient les autres produits potassiques ou magnésiens avec lesquels on les compare.

Dans l'état actuel des choses, les produits chimiques azotés sont une petite ressource, mais enfin c'en est une, et personne n'a jamais contesté cela; mais ce qui a paru exorbitant à tout le monde, c'est cette prétention excessive de M. Ville de vouloir remplacer par quelques sels tous les autres produits connus, et jusqu'au fumier lui-même. On ne nous contestera pas qu'il est plus que hardi de prétendre qu'un paysan manquant de fumier, par exemple, n'a qu'à remettre au pharmacien la formule de M. Ville pour rapporter, en bocal, l'équivalent de 30 à 40,000 kilogrammes de fumier.

C'est abuser un peu trop de la crédulité du public, et l'on conviendra qu'il n'est guère possible d'approcher plus près du ridicule. Néanmoins, de pareilles hardiesses trouvent le moyen de se faire écouter, et accepter, qui pis est. Illusions d'un jour! dira-t-on. C'est vrai; mais elles peuvent faire beaucoup de mal, parce que beaucoup d'enthousiastes, au lieu d'avouer franchement, plus tard, leur trop grande légèreté, ne manqueront pas de s'en prendre à la science et aux savants, qui cependant ne sont pour rien dans tout cela. Et puis enfin toute déception entraîne forcément un retard dans la marche progressive des choses, et les affaires de l'agriculture ont besoin d'avancer.

Nous ne nous sommes donc attaqué aux excentricités de M. Ville qu'à cause de leur exagération, et parce qu'au point de vue économique, il est puéril de soutenir que des produits alambiqués, et grevés de frais, souvent considérables, de fabrication, peuvent donner économiquement de meilleurs résultats que quand on emploie les matières premières qui ont servi à fabriquer ces produits. Tout cela est élémentaire et ne devrait pas avoir besoin d'être prouvé.

* * *

Par cela même que dans son livre M. Ville s'attaque aux travaux des savants illustres qui ont été ses maîtres, n'autorise-t-il pas la discussion de ce qu'il appelle son système? lui surtout qui touche là à tant d'intérêts sérieux, sans courir aucun risque pour les siens propres, car il n'a là aucun enjeu personnel.

* * *

M. Ville a usé contre nous d'un gros argument auquel nous devons une réponse : c'est notre position de producteur d'engrais. Cela n'est pas sérieux, puisque cela n'a pas empêché M. Ville lui-même de recommander et de faire acheter pour les Fermes Impériales ce que nous avons publié depuis dix ans sur toutes les questions d'engrais et de chimie agricole. Le prétendu novateur a donc mauvaise grâce à nier aujourd'hui une compétence qu'il a si formellement reconnue il y a longtemps. D'ailleurs, ce n'est pas là un argument, c'est une échappatoire. On ne prouve pas du tout qu'un adversaire ne dit pas vrai quand on se contente simplement de méconnaître sa compétence. C'est un faux-fuyant, mais à coup sûr ce n'est pas une preuve. Chacun sait enfin que nous avons surtout parlé comme membre d'une douzaine de sociétés d'agriculture françaises et étrangères, auxquelles nous avons l'honneur d'appartenir, à raison précisément des ouvrages recommandés par M. Ville personnellement, sur la question générale qui nous occupe.

Prétendre que notre opposition à la nouvelle doctrine repose sur des motifs d'intérêt personnel, c'est formuler une *supposition* malveillante et toute gratuite, et elle n'est pas vraie au fond; nous pouvons en fournir bien des témoignages, par les conseils tout désintéressés que nous n'avons cessé de donner publiquement, en maintes circonstances, aux agriculteurs disposés à pourvoir eux-mêmes désormais à l'insuffisance de leurs fumiers, et en leur indiquant les moyens d'en produire de toutes pièces; en les mettant, en un mot, à même d'utiliser les matières premières qu'ils avaient autour d'eux, de faire eux-mêmes des engrais au lieu d'en acheter. Personne n'ignore cela.

Pour généraliser davantage : l'industrie des phosphates fossiles a été créée à côté de nous, en dehors de nous, comme l'industrie des sels potassiques et magnésiens des marais salants, et nous l'avons aidée, défendue avec ardeur, au moment de son apparition, parce que nous étions bien fermement convaincu de son utilité et des services réels qu'elle était appelée à rendre à l'agriculture. C'était une bonne action à faire et nous n'avons pas hésité. Aujourd'hui, les résultats ont justifié nos prévisions et sont venus prouver que nous avions raison. Il en a été de même de la chaux animalisée, à laquelle nous n'avons déclaré la guerre que parce que c'était une idée absurde, dans les conditions où elle était pratiquée. Précédemment encore nous battions des mains tout en signalant l'initiative si louable de la C^e Richer pour utiliser les eaux-vannes de la vidange qu'elle transforme maintenant en sels ammoniacaux. Nous avons dit assez haut, et avec raison, que cela était digne des plus sérieux encouragements, et nous le maintenons, bien qu'il s'agisse d'une opération fondée également à côté de nous, en dehors de nous, mais parce qu'en réalité il y a là, au point de vue des intérêts agricoles, une création utile, comme pour les produits des marais salants, comme pour les phosphates fossiles. A qui la faute si c'est absolument le contraire du côté des idées de M. Ville, et si, en réalité, il n'apporte à l'agriculture rien de plus que ce qu'elle avait déjà?

Tous ceux qui nous connaissent savent que nous n'avons jamais hésité à prendre l'initiative en faveur des choses sérieuses et utiles, et que nous n'avons fait la guerre qu'aux abus et aux idées dangereuses pouvant nuire aux intérêts de l'agriculture au lieu de les servir réellement. Nous comptons le prouver prochainement, une fois de plus, en rendant justice aux efforts si louables tentés dans ces derniers temps par M. Lechatelier, pour l'utilisation des matériaux utiles des égouts de Paris, comme par MM. J. Houzeau, Devedeix et Holden, en vue de recueillir également les matières fertilisantes des eaux industrielles des égouts de la ville de Reims.

Dès 1858 nous disions, en parlant de l'emploi agricole des sels ammoniacaux : « Gardons-nous cependant de voir dans chacun de ces sels autre chose qu'une matière première, comme à l'égard de *toutes* les matières fertilisantes qui ne constituent pas des engrais réellement complets. » (*Guide des engrais*, page 404.) Donc nos idées sur ce sujet ne sont pas de fraîche date, donc nous ne faisons ni du parti pris ni de la résistance systématique ; donc nous sommes fondé à repousser les prétextes de M. Ville, puisque les témoignages des faits sont là, et que, sur chacun de ces points, nous pouvons en appeler à tout ce que nous avons dit et fait précédemment, dans la collection de l'*Annuaire*. Tout cela est heureusement de notoriété publique dans le monde agricole, et nous met parfaitement au-dessus des fins de non-recevoir derrière lesquelles M. Ville ne serait pas fâché de pouvoir se retrancher, afin de nous interdire ainsi la parole au sujet des idées téméraires que nous allons néanmoins discuter.

Maintenant que nous avons déblayé le terrain en le débarrassant des quelques particularités qui l'encombraient, nous pouvons passer à l'examen du livre.

CHAPITRE II

« Ne croyez pas qu'une bonne agriculture soit réalisable par la seule intervention des matières minérales et des principes atmosphériques : ce serait confondre ce qui est *rigoureusement possible* avec ce qui peut être *avantageusement praticable.* Ne croyez pas enfin que l'on puisse *commercialement* — et il faut bien que l'agriculteur soit commerçant — remplacer des os et des débris animaux par du phosphate de chaux et des sels ammoniacaux, ou du fumier par du guano péruvien. Scientifiquement, ces substitutions sont réalisables; mais dans le domaine des faits agricoles et pour les cultures ordinaires, n'oubliez pas que la meilleure manière d'utiliser les engrais riches, c'est de les incorporer dans des composts, de telle sorte que l'ensemble des conditions si heureusement réalisées par les fumiers soit autant que possible obtenu. »

(Ad. Bobierre, *L'atmosphère, le sol, les engrais,* 1864.)

Nous vivons en un temps très-fécond dans le grand art des apparences, et s'il est permis d'être indiffé-

rent à celles qui ne sortent pas du genre de la fantaisie pure, il n'en saurait être de même pour
celles qui touchent à l'économie du travail, et notamment à ce travail organique si complexe qui
s'accomplit au sein de la terre, puisque de lui dé-
pendent la subsistance commune et la vie des populations. Les illusions sont trop dangereuses en
pareille matière.

Telle est précisément la situation en ce qui touche
l'emploi agricole de quelques produits chimiques
préconisés dans ces derniers temps, et l'on voudra
bien reconnaître que l'examen attentif d'un sujet
de cette nature ne peut être pratiqué avec fruit que
par des hommes spéciaux ayant déjà donné à l'agriculture des gages sérieux de compétence et de
dévouement.

Nous voulons éviter surtout de tomber dans une
exagération quelconque. Nous serons sévère parce
que le sujet l'exige, mais nous serons impartial.
Aussi, bien qu'il y ait beaucoup à dire contre la
doctrine formulée par M. Ville, nous n'en reconnaissons pas moins qu'il peut être très-utile de faire
avancer les industries annexes de l'agriculture,
comme celle des produits chimiques agricoles, par
exemple, mais à la condition — *expresse* — que ce
ne soit pas aux dépens de l'agriculture elle-même,
ou au prix d'un résultat général mauvais qui ne serait que la conséquence d'un enthousiasme irréfléchi
pouvant laisser, plus tard, d'inutiles regrets.

Il ne suffit pas de produire des récoltes superbes, il faut voir ce qu'elles coûtent, et à quel prix on les obtient.

Faire des tours de force à prix d'argent, c'est le talent de tout le monde.

Ce qu'il faut en matière de travail utile, c'est de produire plus sans dépenser davantage, ou de produire autant en dépensant moins ; toute application nouvelle dont la conclusion ne peut se formuler ainsi doit rentrer dans la catégorie des songes creux, et c'est ici le cas.

En une matière aussi délicate au point de vue de la physiologie végétale, de l'agronomie, de la technologie rurale et de l'économie agricole, et qui touche, d'ailleurs, à tant d'intérêts divers, il faut parler sérieusement et avec conscience ; éviter, autant que faire se peut, les attaques personnelles dont M. Ville a fait abus et que tout le monde a condamnées. Ce qui importe, c'est de considérer les choses plutôt que les hommes et de se concentrer toujours au cœur de la question. C'est le moyen de dire tout ce qui doit être dit, et de faire voir tout ce qui doit être vu. C'est là du moins notre sentiment ; il n'est que conforme aux principes que nous croyons avoir constamment pratiqués, et qui nous ont mérité de bien chers témoignages de sympathie, desquels nous serions indigne si nous ne savions persévérer toujours dans la même voie.

Cela dit, nous croyons pouvoir entrer en matière.

*
* *

M. Ville, professeur-administrateur au Muséum
d'histoire naturelle de Paris, vient d'offrir au public
agricole une nouvelle édition de ses Conférences
de Vincennes et de ce qu'il appelle sa méthode
scientifique de fumure par les engrais chimiques.

Nous avons lu attentivement ce volume. Comme
nous nous y attendions, c'est moins une œuvre scientifique que l'apologie d'un système personnel condamné cependant par tous les hommes compétents.

La discussion dure depuis plus de deux ans : il
faut en finir avec les prétentions non justifiées de
M. Ville et avec toutes les illusions qui font cortége à
son système. Les insistances du prétendu novateur
justifient donc aujourd'hui les résistances de tous
ceux qui ne croient pas à la valeur de ses idées.

Et d'abord, un mot sur le fond général du livre.
Le nouvel exposé de la doctrine est fait avec non
moins de négligence que ceux qui l'ont précédé; il
est rempli de contradictions, comme le *Résumé des
conférences de Vincennes* publié précédemment, et
nous mettrons toutes ces contradictions en évidence,
car nous devons toujours prouver.

Constatons également que la personnalité de
l'auteur occupe là beaucoup trop de place par rapport aux faits utiles. Au fond, ce n'est pas de lui qu'il

s'agit, mais bien des intérêts agricoles, et il semble
l'avoir un peu trop oublié.

Avant d'entrer dans la discussion générale, jetons
aussi un rapide coup d'œil sur l'ensemble de la
doctrine et sur les moyens employés pour la faire
prévaloir. Toujours placé à un point de vue exclusif
et beaucoup trop personnel, M. Ville propage, à la
faveur de certains agencements scientifiques, d'assez
grosses erreurs dont l'agriculture pourrait bien faire
encore une fois les frais, et dont l'importance ne saurait être méconnue.

Avant tout, fixons bien le point de départ, l'idée
première.

M. Ville est parti de ce raisonnement : Toutes les
matières fertilisantes agissent par les composés
azotés qu'elles renferment ou qu'elles peuvent fournir
par la décomposition, ainsi que par leurs phosphates
et leurs alcalis dont la terre a également besoin :
tout cela ne représentant guère qu'un dixième du
poids total, prenons les éléments utiles renfermés
dans ce poids, et envoyons promener le reste, il ne
sert à rien.

Voilà l'idée mère condensée dans quelques mots ;
elle n'est ni neuve ni heureuse, puisque M. de
Liebig en a déjà tenté l'application en Angleterre et
en Allemagne, et qu'il a fallu y renoncer. Il s'agit
donc de refaire, aux dépens de tout le monde, une
expérience déjà faite, de prouver ce qui est déjà
prouvé. Toutefois, et puisque M. Ville y tenait abso-

lument, il n'avait qu'une chose à faire : démontrer
expérimentalement l'inutilité des éléments carbonés
qui entrent pour une part si considérable dans les
fumures ordinaires, notamment de l'humus et du
terreau du fumier qu'il supprime comme étant
inutiles, et fournir aussi la preuve expérimentale
de la possibilité de faire indéfiniment de la culture
normale, régulière, productive surtout, en n'employant que les agents qu'il indique, et cela —
expressément — sans nuire à la qualité des récoltes
ni à la faculté productive du sol ; en un mot, sans
épuiser ce dernier d'aucun des éléments qui lui sont
nécessaires pour conserver cette faculté.

Voilà ce que devait faire M. Ville. Le respect de
la méthode scientifique, ou tout simplement du bon
sens, lui imposait de considérer ainsi la question et
de la résoudre en répondant exactement à ces
exigences de la raison. Il n'en a rien fait, ou plutôt
il n'y a satisfait qu'inexactement, que d'une manière
illusoire, mauvaise et tout à fait nulle, aussi bien dans
les expériences qu'il présente comme décisives, que
dans les conclusions qu'il en a tirées. Non, M. Ville
n'a pas du tout fourni la preuve de l'inutilité de
l'humus et du terreau du fumier, et surtout il s'est
bien gardé de prouver que le sol de Vincennes, sur
lequel il a fait ses expériences, n'avait rien perdu en
cinq ou six ans de sa composition primitive. Ainsi,
M. Ville n'a pas prouvé sa thèse, et dès lors nous
avons le droit de discuter ses affirmations. Pour

s'assurer la victoire dont il a besoin, il lui reste à fournir des preuves expérimentales rigoureusement établies. Mais laissons ceci; ce n'est pas encore le moment d'étreindre la question.

Dans la forme, l'idée première a quelque chose de hardi ; sous ce rapport, elle est bien de son temps ; mais si elle paraît spécieuse, il n'en est pas moins vrai qu'au fond elle est incapable de résister à un examen attentif. Il ne faut pas que les belles et glorieuses applications scientifiques de ce siècle servent à donner le vertige à notre raison ; elles doivent l'éclairer et non l'éblouir. Autant la même idée est judicieuse pour le sucre de la betterave ou de la canne, pour les matières colorantes des bois de teinture et leurs analogues, pour la quinine du quinquina et la morphine de l'opium, autant elle est fausse en ce qui concerne les matières fertilisantes, et notamment l'engrais de ferme, au point de vue de l'alimentation végétale. Dans l'espèce, autant vaudrait dire : L'action bienfaisante du vin sur l'économie animale est due uniquement à l'alcool, au tannin, au bitartrate de potasse et à l'éther œnanthique qu'il renferme ; extrayons tous ces principes du vin et envoyons promener le reste, il ne sert à rien. La proposition de M. Ville n'est ni moins radicale ni moins extravagante. Au point de vue économique, sa proposition n'est pas plus heureuse, car elle nous rappelle excessive les brioches de la Marquise, mais avec cette différence que la grande dame croyait que le pain allait manquer, tandis que M. Ville propose de remplacer le pain que nous avons par des brioches qui nous manquent. C'est à dessein que nous nous servons de ces deux comparaisons du pain et du vin, afin de bien faire comprendre à tout le monde ce qu'est exactement la doctrine de M. Ville, et quelle est au juste la valeur des idées du prétendu réformateur.

C'est littéralement l'histoire du bouillon Liebig pour ceux qui ont toutes facilités pour faire un excellent pot-au-feu, ou l'histoire du chauffage par le gaz pour ceux qui ont la possiblité de brûler de la houille.

Il n'y a rien d'inutile pour le sol et les récoltes dans le fumier de ferme, ni dans aucune des matières animales ou végétales que M. Ville prétend remplacer par un mélange de différents sels. D'ailleurs aussi, la quintescence des aliments ne réaise pas, physiologiquement, les conditions les plus favorables à la croissance et à la reproduction des espèces. Cela n'est pas douteux. Pourquoi M. Ville ne se soumettrait-il pas personnellement à ce régime, s'il est réellement convaincu? Qu'il essaye donc de se nourrir normalement avec l'azote seul du bifteck ou du gigot de mouton, même en y ajoutant toutes les matières minérales que renferment l'un et l'autre; ou, plus simplement, qu'il se mette au régime des aliments plastiques en en excluant les aliments respiratoires, car c'est là exactement ce qu'il propose de faire pour la végétation.

Les éléments organiques que contient le fumier sont des sources de carbone pour la plante, et ils ne sauraient être exclus de l'alimentation végétale; ils répondent aux mêmes besoins dans l'alimentation animale, et tenter de les supprimer c'est poursuivre la réalisation d'une chimère, d'une idée de rêveur. Personne n'admire plus que nous la puissance des idées, et personne ne saurait être plus disposé à leur rendre un sincère et respectueux hommage quand elles sont justes et utiles; dès lors nous ne saurions obéir à cette tradition, souvent aveugle, qui s'oppose à la libre manifestation du talent, et parfois même à l'effort du génie pour se produire. Mais tel n'est pas le cas avec M. Ville, car c'est blesser la raison et offenser le bon sens que de prétendre ramener systématiquement toutes ces questions à de simples formules d'équivalents nutritifs, ou, suivant l'heureuse expression du vieux Schwertz, de vouloir réduire au volume d'une tabatière la fumure d'un hectare de terrain. Le fumier n'agit pas seulement en raison de sa composition chimique, mais encore en raison de l'arrangement moléculaire de chacun des éléments qui le composent, et aussi par sa masse, par l'action ameublissante qu'il exerce sur la couche arable ainsi que par les phénomènes de combustion lente mais incessante qu'il éprouve dans le sol; donc à ces seuls points de vue aucun produit chimique ne saurait le remplacer. Il n'y a pas de négation possible sur ce point.

*
* *

A propos de cette doctrine de haute fantaisie, des hommes graves qui paraissent n'avoir pas suffisamment réfléchi, ou au moins qui ne sont pas entrés assez avant dans l'examen du système, ont parlé de *révolution agricole*, et le mot a eu presque du succès ; il a été en faveur pour un moment. Dans cette situation, il est tout simple que les agriculteurs sachent au moins à quoi s'en tenir, car ce sont leurs intérêts qui sont engagés sur ce tapis chimico-agricole si fastueusement enguirlandé.

Avant de laisser détruire ce qui est, il est bien juste de voir ce que l'on veut mettre à la place. Il y a, dans la généralité des faits connus, tant de sortes de révolutions, qu'il ne saurait être inutile de s'entendre et de prendre garde à celles qui ne profitent qu'aux hommes qui les font — toujours au nom du progrès, bien entendu. — Nous croyons, quant à nous, qu'il vaut mieux améliorer sans cesse que de songer un seul jour à détruire ce qui est, et que l'agriculture peut encore prospérer paisiblement, mais sûrement, sans le concours des faiseurs de révolutions. C'est toujours grave de quitter le connu pour se lancer dans l'inconnu, et c'est bien l'inconnu qui est devant nous, puisque rien n'est prouvé.

A n'en juger que par le caractère audacieux de la

doctrine, le mot *révolution* pourrait bien être plus vrai qu'il n'en a l'air ; mais comme il y a rarement de bonnes révolutions pour ceux qui les laissent faire, ce nous est une raison de plus pour y regarder de très-près avant d'accepter celle que l'on propose et dans laquelle on tente d'entraîner l'agriculture avec beaucoup trop de légèreté, c'est-à-dire avant d'avoir examiné attentivement ce qu'il y a au fond de tout cela et quelles conséquences il peut en résulter.

Nous pensons qu'il est également d'intérêt général de ne laisser pas toucher impunément à l'économie du travail par des hommes inexpérimentés, qui n'ont jamais participé directement aux choses du travail, qui n'y ont pris aucune part immédiate, qui voient trop toutes ces questions à travers les rêves dorés de leurs espérances ou de leurs désirs personnels, sans se préoccuper suffisamment de l'économie des solutions qu'ils proposent. Le plus souvent, d'ailleurs, ils n'imaginent guère que de remplacer la chaleur du soleil par une température de serre chaude, quand leur action n'aboutit pas — tout simplement — à brûler la maison de leur voisin pour se faire cuire un œuf.

Les apparences scientifiques ne doivent pas être un moyen de faire de l'entraînement et de griser les masses. En effet, chose curieuse à observer, la doctrine s'efforce d'être scientifique, elle y vise le plus qu'elle peut, elle l'affiche, elle en affecte même toutes les allures; mais, hors une ou deux individualités qui peuvent avoir là leurs motifs de convenances personnelles, pas un scientifique proprement dit n'y croit, et l'auteur le sait parfaitement, mais ce n'est pas là précisément qu'il cherche son point d'appui.

M. Ville a laissé voir ainsi qu'il est comme tous les esprits faux qui n'ont que du savoir : ils ne recherchent que les admirateurs, et comme tous les petits esprits, ce n'est jamais au-dessus d'eux qu'ils vont les chercher.

Pour prouver régulièrement ce que nous venons d'avancer, nous devons dire tout de suite que la Société centrale d'agriculture de Paris, qui compte dans ses rangs des membres de l'Institut, des illustrations scientifiques, des sommités de l'économie politique, de l'agronomie et de l'agriculture française, a discuté et repoussé, dans l'une de ses premières séances du mois de mars dernier, les idées très-systématiques de M. Ville. Nul ne contestera qu'une réunion d'hommes aussi considérables et aussi compétents ne soit en vraie situation de juger sainement. Une autre conclusion que celle qu'elle a donnée était impossible.

* * *

Depuis que la discussion est ouverte, il a été fait

une petite addition à la doctrine. Aujourd'hui, et sans rien abandonner de ses premières prétentions, M. Ville dit aussi que les engrais chimiques peuvent être d'utiles compléments des fumiers. Soit, puisque personne n'a jamais contesté cela et que tous les savants qui font autorité en ont dit autant, bien avant M. Ville; mais cependant, en faisant toutes réserves quant à l'économie de la question. Si aujourd'hui M. Ville apporte la solution économique, rien de mieux, et alors qu'il soit le bienvenu; mais, hélas! nous n'en sommes pas là, et M. Ville n'a pas du tout prouvé que les produits qu'il conseille peuvent donner, *économiquement*, de meilleurs résultats que tous les autres produits naturels employés jusqu'ici aux mêmes fins, c'est-à-dire comme compléments de fumures.

Sur ce deuxième point, M. Ville n'avait également qu'une chose à faire : prouver, expérimentalement, l'économie que donne l'emploi des engrais chimiques comparativement aux autres produits qu'il conseille de remplacer. Or c'est là, précisément, ce que le prétendu novateur a évité avec le plus grand soin, ainsi que nous allons le voir dans un instant.

Si donc nous prenons le fond de la question, si nous l'envisageons dans ses deux termes et si nous laissons les enjolivures jugées nécessaires, pour ne considérer que le côté positif et utilitaire du sujet, nous voyons d'abord que les dissertations scientifiques présentées avec tant d'insistance n'ont pas

2.

grand'chose à faire dans tout cela, sinon que comme mise en scène, puisque nous nous trouvons en présence de simples questions de fait. C'est donc sur le terrain des faits et de l'économie de la question que nous devrons nous placer principalement, car tout le reste de la doctrine n'est véritablement que du décor, du remplissage.

Nous venons de dire qu'en ce qui touche le deuxième point, M. Ville n'avait pas plus prouvé qu'à l'égard du premier; mais, néanmoins, il conclut dans les deux cas. Que dans l'esprit de l'auteur il y ait présomption favorable, nous le concevons; mais au moins qu'il vérifie avant d'affirmer, qu'il prouve avant de conclure. Cela n'a pas été fait, et pourtant on affirme et on conclut avec une grande assurance, comme si la démonstration expérimentale avait été régulièrement faite et ne laissait plus aucun doute.

Il n'y a ni deux raisons ni deux lignes droites, et personne ne nous contestera qu'ici c'est le fait expérimental qui est tout; or il n'existe pas. Donc on n'a pas prouvé, donc on ne doit pas conclure. C'est bien là le fond de la question; et, en effet, supprimez la conclusion du fait expérimental, il ne reste plus rien de la doctrine, absolument rien qui intéresse la pratique agricole ou l'économie rurale. Je défie qu'on trouve une autre conclusion que celle-là.

Non-seulement M. Ville n'a rien fait pour prouver,

mais il a refusé de prouver, il a reculé devant les preuves à fournir. A l'origine du débat que nous avons entamé dans le *Journal de l'Agriculture*, à partir du mois d'août 1866, nous avons combattu le système avec une énergie qui n'avait d'égale que notre conviction, mais nous avons tout de suite conclu en en appelant au témoignage des faits, à l'expérience directe et aux résultats obtenus comparativement sur des cultures régulières; nous avons constamment appelé M. Ville sur ce terrain, nous l'y avons même provoqué; mais, en novateur prudent, il s'est bien gardé d'accepter, il a toujours fait la sourde oreille et a préféré aux preuves sérieuses les affirmations hardies et les broderies scientifiques à effet, à grands ramages.

Aujourd'hui, il s'agit de prouver que nous avons dit vrai, de montrer le néant de la doctrine, la nullité des expériences que l'on invoque, la fausseté des conclusions que l'on veut absolument en tirer, et de faire voir à tous les intéressés que les hommes les plus considérables et les esprits les plus indépendants sont avec nous.

C'est gênant, sans doute, pour un novateur, d'avoir à compter avec un adversaire qui veut absolument le mener sur le terrain positif du deux et deux font quatre, mais enfin la discussion n'est que la conséquence de tous les systèmes nouveaux; il faut bien que la lumière se fasse. C'est la condition de tous les novateurs, et surtout des novateurs téméraires, d'être discutés. Au lieu de comprendre cela, M. Ville a fait du dénigrement; il a montré beaucoup de passion et de mauvaise humeur, et a usé contre nous et contre le laborieux fondateur du *Journal de l'Agriculture*, de tous les moyens, dans l'espoir, sans doute, de nous réduire au silence et de lui laisser les champs libres. Il en aura été pour ses frais d'injures; car, sous prétexte de Conférences agricoles, il vient de rééditer, dans le livre que nous allons examiner en détail, des méchancetés déjà dites et d'inqualifiables personnalités qui montrent assez clairement son dépit. C'est de la provocation aussi grossière que brutale, et nous n'y répondrons pas.

Tout cela était oublié depuis plus d'un an. Pourquoi cette nouvelle agression? Quelle nécessité y a-t-il de faire ainsi de la provocation personnelle et irritante en dehors du sujet en discussion? Pourquoi raviver cette cendre éteinte? Pourquoi faire revivre ces explosions de colère? Nous ne devons à toutes ces choses que du dédain, parce que cela n'intéresse pas la question et que nous nous mettons bien au-dessus des appréciations personnelles de M. Ville, qui aura bien prouvé là que quand il croit voir son orgueil en cause il ne respecte plus rien ni personne, et il n'a que trop réussi. Nous regrettons, nous, que ses expériences et sa démonstration ne soient pas si complétement réussies; c'eût été beaucoup plus utile. Nous ne verrons donc là que le dépit de l'impuissance, et nous poursuivrons résolument notre route, sans nous laisser détourner du but utile qui doit être notre seul objet.

Donc, poursuivons, et montrons combien d'hommes éminents sont opposés, comme nous, aux dangereuses utopies de M. Ville.

* * *

A l'origine de l'apparition de la doctrine, c'est nous, volontaire de l'avant-garde agricole, qui avons eu l'honneur d'ouvrir le feu contre les affirmations excessives de M. Ville et contre certaines espiègleries scientifiques qu'il était impossible de laisser passer sans protester. Aujourd'hui, la discussion est singulièrement élargie, et la lumière commence à se faire sur tout cela. Des hommes considérables par le savoir, des agronomes jouissant d'une grande et légitime autorité, des agriculteurs d'un mérite éprouvé, sont venus former une légion que l'un d'eux a appelé, avec assez d'à-propos, le bataillon de la Moselle de l'agriculture. Nous verrons que tous ont fourni successivement, et que quelques-uns ont même apporté spécialement le témoignage de leurs lumières et de leur expérience, et confirmé ainsi, de la façon la plus éclatante, tout ce que nous avons dit touchant les exagérations et les dangers de la doctrine, ainsi que sur l'économie de la question.

C'est ainsi que nous allons pouvoir faire affirmer nos dires en les appuyant des témoignages de :

MM. Barral, professeur de chimie (de la Société centrale d'agriculture).

Ad. Bobierre, professeur de chimie, Président de la Société académique de Nantes.

Carbouères fils, ancien élève de l'École centrale, professeur de chimie à Saint-Pierre (Martinique).

Chevreul, de l'Institut, Président de la Société centrale d'agriculture.

Docteur de Cordemoy, de la Société d'agriculture de la Réunion.

Crussard, agronome, ancien directeur de ferme-école.

A. Dupeyrat, agronome, directeur de la ferme-école de Beyrie.

P. de Gasparin, agronome, correspondant de la Société centrale d'agriculture.

Ch. de Mersey, agriculteur.

Gallicher, agriculteur, ancien élève de l'École centrale.

J. Girardin, doyen de la Faculté des sciences de Lille.

Docteur Gilbert, agronome, Rothamsted (Angleterre).

E. Gueymard, doyen de la Faculté des sciences de Grenoble.

G. Heuzé, de la Société centrale d'agriculture.

P. Joigneaux, agronome.

Isid. Pierre, correspondant de l'Institut, doyen de la Faculté des sciences de Caen.

Marquis de Joca, agriculteur.

E. Lecouteux, de la Société centrale d'agriculture.

E. Le Leurch, professeur d'agriculture à Caen.

MM. MALAGUTI, correspondant de l'Institut, recteur de la Faculté des sciences de Rennes.

MOLL, professeur d'agriculture au Conservatoire des arts et métiers.

P. MADINIER, directeur du *Journal de l'agriculture coloniale*.

PAYEN, de l'Institut et de la Société centrale d'agriculture.

PEPIN LEHALLEUR, agriculteur et manufacturier, ancien élève de l'École polytechnique.

ALEX. PERROT, président du comice agricole d'Orléans.

E. RISLER, professeur à l'ancien Institut agronomique de Versailles.

TEYSSIER DES FARGES, agriculteur dans Seine-et-Marne.

VIANNE, directeur du *Journal d'agriculture progressive*.

DE VILLIERS, agriculteur à l'Isle-Adam.

WILDEY, agriculteur, etc., etc.

*
* *

Maintenant que nous avons jeté un premier coup d'œil d'ensemble sur ce que M. Ville appelle emphatiquement *sa doctrine scientifique*, examinons quelques-uns des détails :

La France est le pays où fleurissent les systèmes, mais ils n'y mûrissent pas toujours; c'est moins une question de température locale qu'une affaire de tempérament inhérente aux systèmes eux-mêmes, et parce qu'il est infiniment plus facile d'obtenir en serre chaude une jolie fleur, que de produire en plein air un bon fruit, une bonne et utile semence.

C'est facile de chauffer l'enthousiasme à plusieurs atmosphères, pour se lancer ensuite, à toute vitesse, dans les déductions agronomiques et économiques, mais il faut voir ce qu'il y a de fondé dans tous ces beaux élans, et nous ne saurions trop engager le lecteur à se tenir en garde contre les accès vertigineux de M. Ville, à se bien pénétrer surtout que, dans l'état actuel de la question, il faut nécessairement reconnaître que les arrangements scientifiques ne sont qu'un accessoire. Ils abondent dans le livre et dans la doctrine, tandis que les preuves expérimentales sérieuses font défaut. Qu'il nous soit même permis d'insister particulièrement sur ce point, non seulement parce que c'est là le pivot de la question, mais surtout parce que la manière de faire de M. Ville contribue à le faire perdre de vue, à le noyer dans des considérations et des détails que nous tenons à faire toucher du doigt, afin que chacun puisse y voir bien clair avant de conclure.

Disons cependant qu'il y a du joli dans la doctrine : question d'art, mais il n'y a pas autre chose. Il y a surtout les apparences, un arrangement particulier, les séductions de la forme, mais c'est tout. Quant à la solidité, à l'idée mère et originale, elle n'y est pas. Qu'on en juge en passant, en attendant toutes les preuves que nous allons trouver dans le livre lui-même. Avant M. Ville, tous les savants et tous les agronomes ont dit : les matières organiques employées par l'agriculture comme agents de fertilité agissent principalement à raison de l'azote, des phosphates et des alcalis assimilables qu'elles renferment. Aujourd'hui, M. Ville dit aussi qu'il faut fournir au sol de l'azote, des phosphates et des alcalis assimilables, mais avec cette seule variante que, selon M. Ville, ces éléments et ces principes utiles sont seuls nécessaires ; que l'état naturel dans lequel on les trouve, sous forme de matière végétale ou de matière animale, importe fort peu à l'alimentation des récoltes comme à l'économie de la production agricole. La prétention de M. Ville n'est donc, en réalité, qu'une modification de l'idée principale. Il est clair, par conséquent, qu'en ce qui concerne le nombre et la nature des agents essentiels reconnus indispensables à la nutrition végétale, M. Ville n'ajoute rien et ne retranche rien à ce qui était avant lui, à ce qu'on a dit et fait avant lui, à ce qu'on savait déjà sur ce point, à ce qui est enseigné partout, dans tous les ouvrages d'agronomie, comme dans tous les cours et dans tous les traités d'agriculture.

Voilà pour le fond de l'idée. Quant aux applications, qu'a dit M. Ville? Il a conseillé l'emploi de différents produits chimiques dont la composition et le mode d'action, comme agents de fertilité, étaient parfaitement connus avant lui, puisque déjà ils avaient été employés dans le même but, ainsi que nous l'établirons.

Qu'y a-t-il encore? M. Ville a conseillé les champs d'expérience; mais l'idée première revient à Mathieu de Dombasle. Voir *Annales de Roville*, tome V, page 356.

Depuis cette époque, le comte de Gasparin a rappelé l'utilité des champs d'expériences, dans ses *Principes de l'agronomie*, page 133. Enfin M. Stockhardt a mis cette idée en pratique en Allemagne [1], et MM. Lawes et Gilbert l'appliquaient dans le même temps en Angleterre.

M. Ville a également conseillé de faire analyser le sol par les plantes. Avant lui, M. Bobierre a indiqué le moyen et fait servir des plantes au même but. Voir *le Noir animal*, page 31, année 1856, ainsi que la page 45 du travail de M. E. de Beaumont ayant pour titre : *Utilité agricole des phosphates*.

Quoi encore? En sa qualité de financier, M. Ville a eu l'idée d'une banque des engrais; mais elle appartient à M. le baron Rivet, qui s'en est occupé avec beaucoup de persévérance, plusieurs années avant qu'il ne fût question des prétendues innovations de M. Ville.

Nous verrons même, dans le cours de la discussion, que les ardeurs patriotiques, philanthropiques et libérales de M. Ville conduisent tout droit à un

1. *Der Chemische Ackersmann*, p. 101, année 1858.

très-gros monopole, celui du commerce des engrais, mais sans indiquer encore au profit de qui ce monopole sera exercé. Dans le langage moderne, les convoiteurs de priviléges appellent cela l'extension des libertés commerciales et l'affranchissement de l'agriculture.

Que reste-t-il? Une simple formule d'engrais. *La même formule a été indiquée déjà par MM. Lawes et Gilbert, de Rothamsted, et M. Ville n'a pas eu autre chose à faire qu'à la recopier.* Nous allons le prouver dans un instant; mais afin de montrer tout de suite que M. Ville n'a pas eu la peine de faire de grands efforts pour découvrir ses fameuses recettes, voici celles que publiait en 1847 le *Bulletin de la Société d'agriculture du Loir-et-Cher*. Nous allons retrouver là les mêmes produits et les mêmes applications que celles que M. Ville s'attribue aujourd'hui comme chose nouvelle et personnelle.

Les formules suivantes sont dues à M. le docteur Delattre, et nous les extrayons de la *Chimie agricole* de M. Isid. Pierre, page 434 :

Engrais pour céréales.

Carbonate basique de chaux et de potasse......................	8	parties en poids.
Phosphate basique de chaux et de potasse......................	2	—
Plâtre cru en poudre...........	1	—
Os calcinés au noir et pulvérisés.	2	—
Silicate soluble de potasse.......	3	—
Sulfate d'ammoniaque..........	2	—

Engrais pour légumineuses (trèfle, luzerne, pois, haricots, etc.).

Carbonate basique de chaux et de potasse...................... 12 parties en poids.
Phosphate basique de chaux et de potasse...................... 3 —
Sel marin...................... 0 1/2 —
Silicate soluble de potasse....... 1 —
Plâtre cru moulu.............. 4 —
Sulfate d'ammoniaque.......... 2 —

Engrais pour navets, carottes, betteraves, choux, colza, pommes de terre.

Carbonate basique de chaux et de potasse...................... 20 parties en poids.
Phosphate basique de chaux et de potasse...................... 4 —
Plâtre...................... 1 —
Sulfate d'ammoniaque.......... 6 —

L'auteur a indiqué, comme M. Ville, la manière d'opérer les mélanges et de pratiquer l'emploi de ces engrais ; en lisant aujourd'hui M. Ville, c'est à peu près comme si on lisait le docteur Delattre en 1847. Le succès semble avoir oublié de couronner les généreuses intentions du savant et bon docteur, car il n'en a guère été question depuis 1847. Voilà pourtant à quoi l'on s'expose quand on n'a pas le *Moniteur universel* dans sa manche et une chaire de la Sorbonne à sa disposition.

Voilà des faits, voilà des noms, voilà des dates et

l'on peut les vérifier. Ce ne sont pas seulement des affirmations hardies et des opinions personnelles. Au fond de tout cela, pas une idée originale! Tout est d'emprunt, et la discussion qui va suivre apportera les preuves régulières de tout ce qui se rattache à ce système présenté au public comme étant l'œuvre personnelle de M. Ville.

*
* *

En résumé, rien qui indique un esprit positif et sérieux, mais seulement l'homme des apparences, du décor, de la mise en scène, et tout simplement en se servant des travaux et des mérites d'autrui.

Après cela, doit-on s'étonner si M. Ville pratique le recrutement des sympathies en dehors de tous ceux de ses collègues auxquels il sait faire de tels emprunts?

On pourra donc dire du système, sans commettre la moindre injustice, que c'est une véritable jachère; car le sol était fait, les matériaux étaient disposés et l'atmosphère des idées avait fourni, depuis longtemps, un contingent de ressources suffisant pour produire un premier résultat.

Puisque nous avons promis de mettre dans tout leur jour bien des petites choses que M. Ville a cru devoir laisser dans l'ombre, et qui, d'ailleurs, ne sont pas parfaitement visibles à l'œil nu pour tout le monde, voyons l'une des principales applications que M. Ville nous présente comme un trophée glorieux, et prenons, pour cela, la page vi de l'Introduction du livre, c'est-à-dire le dessus du panier : « Sur une « lande en friche choisie en pleine Champagne pouil- « leuse, le président du comice agricole d'Omay, « l'honorable M. Ponsard, a fait deux expériences : « l'une avec 80,000 kilogrammes de fumier de ferme « à l'hectare, et l'autre avec 1,200 kilogrammes d'en- « grais chimiques. Avec le fumier de ferme, on **a** « obtenu 13 hectolitres de froment, et avec l'engrais « chimique, 33. La terre valait 170 francs l'hectare; « — la culture au fumier a donc eu pour résultat « *une perte* de 480 francs, et celle de l'engrais chi- « mique *un bénéfice* de 430 francs. »

Pour quiconque ne voit que la surface des choses et s'en tient à ce simple énoncé, c'est très-beau, presque admirable, et les journalistes de l'Orénoque et des iles Marquises pourraient trouver là l'occasion de dépenser beaucoup d'admiration et de bien jolies phrases; mais nous sommes en France, en 1868, sur la terre classique du libre examen et de la libre pensée, et nous allons voir qu'en allant au fond de cette expérience la conclusion change singulièrement.

Les enthousiastes et les empressés appellent cela gravement : *l'éloquence des chiffres*, et ne voient pas qu'un phénomène ou un résultat expérimental quelconque, considéré au seul point de vue du fait, n'exprime *rien*. C'est la relation des phénomènes entre eux qui est *tout*. Quelle signification ce résultat peut-il avoir, et que peut-on en conclure si on ignore les causes de sa manifestation et les conditions particulières qui l'ont déterminé? Quelle peut être ici la valeur scientifique ou économique d'un fait dont la cause efficiente n'est pas déterminée? Il faut donc, avant de conclure, descendre dans l'examen attentif des effets et des causes. C'est ce que nous allons faire, mais en ajoutant d'abord que si nous nous sommes arrêté spécialement sur ce point, c'est que d'autres faits du même ordre se présenteront encore dans le cours de la discussion, et qu'au point de vue de l'examen critique il y a là une question de doctrine tout à fait fondamentale, qui ne saurait être oubliée par conséquent, puisqu'elle est indispensable pour donner à l'interprétation des faits leur véritable signification.

Avant d'accepter les conclusions formulées par M. Ville au sujet de cette expérience, ne perdons pas de vue que le novateur a deux choses à prouver : la possibilité de faire indéfiniment de la culture normale, régulière, productive, à l'aide de quelques produits chimiques seuls, sans nuire à la richesse acquise du sol (ce qui implique nécessairement l'inutilité de l'humus et du terreau du fumier), et sans nuire non plus à la qualité des récoltes; et secondement, la possibilité de remplacer *économiquement* par des engrais chimiques tous les autres agents fécondants employés jusqu'ici par l'agriculture. C'est bien là ce qu'il s'agit de prouver. Aujourd'hui, M. Ville cite un premier résultat heureux, obtenu comparativement avec le fumier de ferme. Ce fait n'aura certainement surpris aucun des agriculteurs ni aucun des hommes spéciaux un peu au courant de ces questions, par la raison toute simple qu'il ne suffit pas de fournir du fumier à une lande pour que ce fumier produise immédiatement tout son effet utile. Il faut évidemment que le sol agricole soit fait, et rien ne s'improvise moins, parce qu'il faut, pour cela, de nombreuses façons et l'influence des labours reconnus nécessaires pour faire agir le fumier efficacement, surtout une première année.

Il faut dix ans, et souvent plus, pour faire un vrai sol arable, surtout quand il s'agit d'une lande. Il faut l'action prolongée des labours et l'influence des forces atmosphériques pour agir incessamment sur les propriétés physiques du sol et le rendre apte à s'assimiler le fumier des bestiaux, ou bien alors l'engrais de ferme agit mal, incomplétement; c'est précisément le cas que M. Ville a choisi, en homme habile qu'il est, et il ajoute, en vrai triomphateur, que, grâce à lui, cette pauvre lande de Champagne, valant 170 francs l'hectare, a tout de suite produit un bénéfice de 430 francs. Il faut croire le lecteur bien naïf ou bien ignorant pour espérer l'éblouir avec cela. Est-ce que nous ne savons pas tous que des résultats semblables s'obtiennent tous les jours,

dans les landes de la Bretagne, avec quelques hectolitres de noir de raffinerie coûtant dix fois moins que
le fameux mélange de M. Ville, et que le fumier n'en
saurait faire autant? Il n'y a donc rien de nouveau
dans ce fait, et toute l'habileté de M. Ville consiste à
lui donner une importance et une apparence qu'il
n'a pas; car nous verrons dans quelques instants
un fait analogue, cité il y a douze ou quinze ans par
M. Boussingault. Dans tous les cas, M. Ville ne prouve
pas le moins du monde qu'aucun des engrais complémentaires qu'il prétend remplacer n'aurait pas
donné les mêmes résultats, dans les mêmes conditions de dépense. Nous ne devons pas nous arrêter
seulement aux expériences énoncées, mais songer à
celles qui n'ont pas été faites et qui peuvent seules
compléter la démonstration.

Donc, rien d'extraordinaire jusque-là, mais tout
simplement un résultat auquel on devait s'attendre.
Ce qui serait bien autrement intéressant, c'est la
continuité de ces mêmes expériences pendant toute
la durée d'une rotation; mais M. Ville est plus prudent que cela, il ne va pas si loin, il est pressé, il n'a
pas le temps d'attendre, et il s'empresse de conclure
là où véritablement il n'y a pas de conclusion dans
le sens absolu qu'il indique.

* * *

Voyons le second point de vue.

Si — comme on le dit — M. Ville paraît renoncer à la prétention de remplacer absolument le fumier de ferme par les produits qu'il préconise, pourquoi n'entrer en comparaison qu'avec le fumier de ferme? Pourquoi? nous allons bientôt le savoir. Et s'il n'est plus question de remplacer le fumier par les engrais chimiques, mais simplement d'employer ceux-ci comme engrais complémentaires, pourquoi ne pas les mettre en comparaison avec les autres engrais complémentaires de l'industrie ou du commerce, puisqu'il s'agit de prouver qu'il est possible de faire mieux et plus économiquement qu'eux, puisque c'est là, réellement, qu'est la conclusion utile? C'est clair. Le fumier met trois, quatre, cinq ans à dépenser tout son effet utile en terre, tandis que les produits salins employés par M. Ville donnent toute leur action dans la même année. Voilà tout le secret de ce triomphe. M. Ville n'ignore aucune de ces vérités élémentaires, et il ne pourrait le nier, puisque, dans le *Moniteur universel* du 7 avril 1868, il dit que pour la potasse et les autres éléments minéraux du fumier « l'absorption par les végétaux est plus lente, à raison de la décomposition préalable que le fumier doit subir *pour produire son effet utile.* » Donc, dans l'expérience citée par M. Ville, les choses se sont absolument passées comme si l'on avait fait agir une fumure de 100 francs en engrais chimiques, contre une fumure de 25 à 30 francs de fumier d'étable pouvant donner tout son effet utile dans le même espace de temps. Ce n'est pas plus difficile que cela. De cette façon tout l'avantage tourne forcément, on le conçoit, en faveur des engrais chimiques. C'est là sans doute la raison du refus persistant de M. Ville de faire entrer ses produits en comparaison avec d'autres produits pouvant agir dans les mêmes conditions d'activité que les siens. « C'est ainsi que, toutes choses « égales d'ailleurs, un engrais entièrement décom- « posable en ses produits solubles et gazeux, dans « le cours d'une seule année, pourra produire au- « tant d'effet sur la première récolte qu'une quantité « quintuple d'un autre engrais dont la décomposi- « tion ne s'achèverait qu'en cinq ans; mais celle-ci « fournira pendant un temps cinq fois plus long les « produits utiles, et il y aura compensation [1]. »

Le système est rempli de ces petites choses-là, et nous les ferons voir toutes successivement. Elles nous montreront que, suivant l'expression de Gœthe, M. Ville soigne beaucoup plus ses succès que ses œuvres, qu'il sait arranger tout cela avec beaucoup

---

[1]. Boussingault et Payen, *Mémoires sur les engrais et leurs valeurs comparées.* (*Annal. de chim. et de physiq.,* 3ᵉ série, t. III, p. 67.)

d'art, mais que si l'étalage est splendide, le fond du magasin n'est pas très-richement garni, puisque tout cela se borne, en réalité, à une vraie fantasmagorie, à de continuelles apparences.

Si, à l'égard des résultats que nous venons d'indiquer, M. Ville a pu dire la vérité, il nous semble qu'il a omis de dire toute la vérité. C'est bien regrettable quand il s'agit des intérêts d'autrui? Dans tous les cas, les résultats obtenus chez M. Ponsard ne prouvent pas encore la possibilité de remplacer absolument le fumier de ferme par les engrais chimiques, ni la possibilité de substituer économiquement ceux-ci aux autres produits de l'industrie ou du commerce, de même qu'ils ne prouvent rien de plus que ce que l'on savait déjà.

*
* *

On a trop de tendance aujourd'hui à s'en tenir, en toutes choses, aux séductions de la forme, à ne pas voir assez le fond des choses, et on ne saurait trop le répéter afin que chacun puisse se tenir en garde. Les apparences ne sont rien, c'est le fond qui est tout, et mieux vaut juger les hommes sur ce qu'ils font que sur ce qu'ils disent.

Ajoutons aussi que l'on parle avec beaucoup de légèreté de toutes ces questions, sans se donner la peine de les examiner bien attentivement, ou au moins que quelques-uns des écrivains de la presse agricole se sont trop renfermés dans des points de vue limités. C'est ainsi que, tout en ayant l'air de plaider la cause des intérêts agricoles, on leur tourne positivement le dos, et la preuve, c'est que, grâce à tout l'étalage pompeux déployé au sujet de la doctrine que nous combattons, voilà les agriculteurs privés — à toujours probablement — de la ressource que leur offrait le sulfate d'ammoniaque coté 32 fr. il y a quelques années à peine, et monté très-rapidement jusqu'à 50 fr. Avant un an, il sera très-probablement à 55 fr. et on n'en trouvera plus. Voilà la situation. Joli service qu'on aura rendu là à l'agriculture ! Mais ce n'est pas tout. Une question comme celle-là doit être envisagée dans toutes ses conséquences ; c'est le seul moyen de bien éclairer l'opinion. Il ne suffit pas de dire une partie de la vérité ; c'est toute la vérité qui doit être dite, afin de montrer clairement ici que les conseilleurs ne seront pas les payeurs.

Chacun se souvient de l'époque, encore peu éloignée, où l'industrie des engrais livrait ses produits à 6 et 8 fr. les 100 kil., et permettait ainsi à l'agriculture de fumer chaque hectare au prix de 60 à 80 fr. Le guano est arrivé et il a fait doubler le prix de revient des fumures ; il est certain, en effet, que celles qui coûtaient 60 fr. en coûtent aujourd'hui 120 au minimum. Que les fumures de 300 et 400 fr., préconisées si imprudemment en faveur des engrais chimiques, se généralisent, et le résultat sera le même que celui produit par le guano. Le prix de toutes les autres fumures s'élèvera proportionnellement. Singulier moyen d'abaisser les prix de revient de l'agriculture! Triste révolution pour les intérêts agricoles! Où cela s'arrêtera-t-il? Et où croit-on qu'on mène l'agriculture avec ce progrès-là? Ce n'est pas à l'agriculture que le guano a rendu le plus de services, c'est à l'industrie des engrais, qui n'a pas manqué d'en profiter pour élever ses prix. Donc, que les agriculteurs ne perdent pas cela de vue, il y va de leurs plus réels intérêts; et que les bavards, qui se dispensent volontiers d'aller au fond des choses, y prennent garde aussi, car ils vont précisément dans un sens contraire à leurs bonnes intentions.

C'est l'un des points les plus importants de l'économie agricole qui est ici en jeu; car tout ce qui peut contribuer à l'augmentation de prix des matières premières de l'agriculture ne peut évidemment être considéré comme un bienfait. Comment ne voit-on pas cela? Comment les défenseurs du système ont-ils pu prendre parti si légèrement? C'est plus qu'une faute, c'est une maladresse. On doit y mettre plus de circonspection quand il s'agit des intérêts des autres, et surtout quand rien n'est prouvé.

Non, ce n'est pas avec de pareils moyens que l'on parviendra à abaisser les prix de revient de l'agri-

culture, et nous maintenons que c'est dans cette direction qu'il faut agir. Donc, ce qui mérite le plus
d'encouragement dans la question des engrais, ce
sont les efforts contraires à ceux que nous combattons : ceux qui tendent à abaisser, à richesse égale,
le prix des matières fertilisantes, comme moyen de
diminuer le prix des fumures. Ce sont les solutions
économiques que les agronomes et les agriculteurs
eux-mêmes doivent encourager, c'est-à-dire celles
qui font la baisse des matières premières, et non pas
celles qui font la hausse.

Dans cet ordre d'idées, l'appui doit être pour
ceux qui font acte d'initiative, qui se dévouent pour
importer du dehors des richesses nouvelles, ou
pour fouiller le sol en vue d'en extraire des matériaux utiles, ou pour indiquer aux agriculteurs les
moyens pratiques permettant d'augmenter eux-mêmes la masse de leurs fumiers, au lieu de leur conseiller de faire tout à force d'argent. Dans chacun
de ces exemples il y a service rendu, parce qu'il y a
accroissement de ressources et de moyens d'action,
parce que l'économie de la question est servie utilement, très-utilement; tandis qu'il n'y a rien de tout
cela dans la doctrine des engrais chimiques, puisqu'il
ne s'opère qu'un simple déplacement, et qu'en effet
celui-ci n'a d'autre résultat que de faire augmenter
inutilement des produits que l'agriculture pouvait
se procurer à bon marché. On prend trop souvent
des conceptions hardies ou de simples nouveautés

pour des progrès réels, et on perd ainsi de vue le côté économique des questions.

Nous le demandons à l'agriculture entière : sont-ce là des banalités ou des vérités saisissantes et des considérations d'une importance sérieuse avec lesquelles il faut compter? On ne comprend pas davantage cet engouement irréfléchi pour le sulfate d'ammoniaque, qui est inefficace dans bien des cas, notamment dans les terrains qui ne sont pas franchement calcaires; par conséquent ce produit est loin, bien loin, d'être le dernier mot des engrais chimiques; et puis, encore une fois, l'acide sulfurique n'a rien à faire dans le sol, sinon que passagèrement; et, au point de vue économique, la dépense en acide sulfurique entre pour beaucoup dans le prix de la marchandise, sans aucune compensation pour l'agriculture, puisqu'en réalité cet acide sulfurique est pour elle une non-valeur. Nous concevons le carbonate d'ammoniaque, sauf quelques précautions à prendre au moment de l'emploi; nous comprenons surtout le phosphate d'ammoniaque et le nitrate de chaux, mélangés avec art et de manière à provoquer des réactions utiles, parce qu'il n'y a rien là d'inutile, parce que chaque partie constituante du produit a une valeur agricole réelle; mais personne ne concevra le sulfate d'ammoniaque comme agent agricole d'un emploi continu; c'est un expédient passager, mais ce n'est pas une solution d'avenir, et l'on peut dire qu'à ce point de vue la nouvelle doctrine n'a pas fait faire un pas à la question.

Nous serions insensé si nous repoussions absolument l'emploi des engrais chimiques, et c'est même parce que nous apprécions grandement les services qu'ils pourront rendre dans l'avenir, quand leur production sera plus importante, que nous nous sommes attaqué aux excès qui nous semblaient de nature à compromettre l'avenir de leur emploi agricole; mais il est inconcevable que, dans le présent, on ait pu fonder là-dessus de grandes espérances, puisqu'il s'agit de produits dont la production est très-limitée : il pourra y avoir là un petit appoint momentané, mais jamais de grandes ressources sur lesquelles l'agriculture puisse faire un fond certain.

On vient de faire partout des expériences comparatives avec les engrais chimiques ; tant mieux : on ne les multipliera jamais trop ; il faut en finir avec les illusions et les mensonges, d'où qu'ils viennent, et l'agriculture a raison d'en appeler à la méthode positive de l'expérimentation, avant d'accepter les systèmes qu'on lui présente. A ce point de vue, nous sommes d'accord avec tout le monde, mais nous maintenons que cela ne suffit pas. La critique aura toujours de puissantes raisons d'être ; elle est une nécessité quand la discussion porte sur des faits et sur des expériences, comme ici, et elle pourra rendre de grands services en éloignant désormais les novateurs téméraires, dont les espérances n'auraient d'autre point d'appui que des idées empiriques et des illusions dangereuses.

L'agriculture ne doit pas être un instrument passif, une machine à expérimentation au service des ambitions personnelles.

***

Pour nous résumer, et avant d'entrer dans l'examen du livre qui renferme tout l'exposé de la doctrine, établissons bien les points principaux qui nous séparent de M. Ville; la démonstration viendra dans le cours de la discussion.

M. Ville, partant d'une théorie très-absolue et déjà éprouvée expérimentalement, mais négativement, prétend néanmoins que, dans la pratique agricole, on peut remplacer avantageusement le fumier des bestiaux par quelques produits chimiques, et faire ainsi partout, indéfiniment, de la culture normale, productive, régulière, sans nuire à la qualité des récoltes et sans épuiser le sol arable.

Il prétend également que ces produits, considérés comme fumure supplémentaire, peuvent remplacer *économiquement* tous ceux employés jusqu'ici par l'agriculture. M. Ville n'a fait la preuve d'aucune de ces deux propositions; mais il n'en conclut pas moins à une grande opération financière, à une banque des engrais au capital de 100 millions à fournir par l'État.

De ces deux propositions très-radicales découle surtout l'inutilité de l'humus et du terreau, à propos de laquelle M. Ville présente des expériences qui ne sont rien moins que concluantes, et desquelles cependant il tire aussi des conclusions très-sérieuses, puisqu'elles touchent essentiellement à l'économie du travail agricole. Et non-seulement M. Ville n'a pas prouvé, mais il a refusé de prouver.

La solution proposée par M. Ville n'est pas une solution économique, c'est un casse-cou, un expédient ruineux, et il n'ajoute absolument rien à la somme des matériaux utiles dont l'agriculture dispose, puisque M. Ville ne fait que s'attaquer à des produits déjà existants.

En ce qui touche les apports personnels de M. Ville en faveur de ce qu'il appelle *sa doctrine*, il n'y a absolument rien qui soit de lui. C'est la défroque de tout le monde. Tout est d'emprunt : les idées, les expériences, les conclusions, et jusqu'aux formules elles-mêmes, qui, selon M. Ville, doivent sauver l'agriculture et faire le bonheur de la France.

Et enfin, le prétendu système ne fait abaisser ni le prix des fumiers, ni le prix de revient des récoltes, qui se trouvent, en fait, augmentés de 29 pour 100, sans oublier que M. Ville fait là de la culture épuisante et non de la culture améliorante, puisque les apports en engrais sont insuffisants et qu'ils ne compensent pas du tout l'exportation des matériaux pris au sol par les récoltes.

Maintenant que nos accusations contre le système sont nettement formulées, il ne nous reste plus qu'à fournir les preuves régulières de tout ce que nous venons d'avancer.

CHAPITRE III

LA PRÉFACE DU LIVRE INTITULÉ :

Les engrais chimiques. Entretiens agricoles donnés au champ d'expérience de Vincennes dans la saison de 1867.

> « Les agronomes ont raison d'apprécier beaucoup la valeur de l'humus dans les engrais ; M. Liebig a bien fait de faire ressortir l'influence des sels comme stimulants de la végétation et comme éléments constituants essentiels de quelques principes élémentaires ; MM. Boussingault et Payen ont été fondés à dire que la valeur d'un engrais s'accroît avec sa richesse en matière azotée ; mais celui-là a bien plus raison encore qui proclame que l'engrais par excellence est celui qui renferme à la fois les trois éléments essentiels, savoir : l'humus, les sels et la matière azotée. »
>
> (SOUBEIRAN, *Mémoire couronné en 1859 par la Société d'agriculture de Rouen.*)

L'épigraphe qui vient de nous servir d'entrée en matière résume parfaitement, ainsi que celle du chapitre Ier que nous avons empruntée à M. Bobierre, toute la vérité des principes en matière d'alimentation végétale.

Comme nous consacrons spécialement ce volume aux applications qui résument ces principes, et que nous nous trouvons en présence d'une prétendue doctrine qui les nie, il faut bien que nous fassions la preuve de la fausseté de cette doctrine.

M. Ville, nous devons lui rendre cette justice, nous rend la tâche assez facile parce que, de quelque côté qu'on envisage la thèse qu'il soutient, on la trouve toujours en défaut, et vulnérable partout par conséquent, à cause des exagérations qu'elle renferme. Il y a, à ce sujet, quelques opinions contraires à la nôtre; mais cela nous importe peu, parce que nous ne parlons que de ce que nous voyons clairement, distinctement. Nous ne comprenons pas plus les molles tendresses que les fades critiques; et ici la critique n'est point une œuvre de métier ni une affaire de passe-temps : c'est une forte conviction qui déborde, parce qu'elle s'est imposée à nous après avoir bien vu, et bien compris; parce que nous sommes descendu dans le vif de la question, parce que nous l'avons analysée, disséquée dans son ensemble comme dans toutes ses parties, et parce qu'en résumé il s'agit de montrer la vérité, et d'en dégager tous les enseignements et toutes les utilités qui en découlent. Tout le monde, espérons-le, finira par les voir comme nous.

Pour ne citer qu'un exemple en passant, M. Ville commence par déclarer, page 9, que « le travail de la végétation ne lui est pas moins bien connu *dans*

son principe que dans ses détails. » C'est aussi sen-
tentieux que prétentieux, mais cela a l'avantage de
donner un avant-goût de tout le reste. Si nous en
croyons M. Ville, il est aussi savant que Dieu lui-
même ; car il connaît le principe de la vie, et il a là,
il faut en convenir, une admirable occasion de mettre
d'accord tous les philosophes et tous les métaphysi-
ciens de l'antiquité, sans parler de ceux d'aujour-
d'hui ; mais nous ne tarderons pas à voir quelle est
au juste la valeur de cette énormité. Ce n'est pas la
seule que l'on trouve dans la doctrine, puisque
M. Ville affirme également qu'il peut — à volonté
— produire un végétal artificiellement, de toutes
pièces. Non-seulement il l'a dit, mais il s'est plu à
le répéter avec une certaine affectation, bien que rien
ne soit plus faux. « Jamais le chimiste ne prétendra
former dans son laboratoire une feuille, un fruit, un
muscle, un organe [1]. »

Les agriculteurs proprement dits n'auront probablement pas été moins surpris en apprenant qu'il
fallait faire du blé pour avoir du bénéfice. Nous
avons toujours entendu dire, par tous les praticiens,
que la culture des céréales était précisément la
moins lucrative.

Pas un industriel n'aura compris davantage que
M. Ville parle de « quantités inépuisables, » quand
il conseille le sulfate d'ammoniaque et la potasse

1. Berthelot, *Chimie organique fondée sur la synthèse*, 1860.

raffinée, dont les sources sont si restreintes, et surtout, qu'en parlant à des agriculteurs, il leur déclare que tous ces produits viennent « des entrailles de la terre » (page VII). La terre n'a jamais produit de sulfate d'ammoniaque ni de potasse raffinée, et elle n'en a jamais renfermé *en dépôt*. Quant à la possibilité, pour l'agriculteur, de n'engager désormais son capital que d'année en année, grâce au système de M. Ville, cela n'a rien de nouveau, et ce n'est pas là un avantage inhérent aux engrais chimiques seulement : le guano et tous les autres engrais permettent et ont toujours permis d'en faire autant; on peut toujours n'en acheter que pour les besoins de chaque récolte.

Mais voyons l'un des passages les plus saillants de la préface (page IV). « Autrefois, toute l'économie de l'agriculture se réduisait à une seule règle, érigée en axiome et entrée comme telle dans la pratique : faire de la terre deux parts à peu près égales, affecter l'une à la prairie et aux cultures fourragères, et réserver l'autre pour les céréales. De là cette formule devenue en quelque sorte sacramentelle : prairie, bétail, fumier pour avoir des céréales... »

« L'usage du fumier atténue les pertes que le sol a subies, mais, en fin de compte, il ne les répare pas. »

A la page V nous trouvons : « Les traditions du passé ne suffisent plus aux nécessités du présent. Il nous faut des procédés plus expéditifs, plus économiques et plus puissants. Or ces procédés sont trouvés ; une règle, une seule les résume : rendre au sol, par une importation permanente d'engrais, une quantité d'agents de fertilité supérieure à celle que les récoltes lui ont fait perdre. Mais ici se présente tout naturellement cette question : Où prendre ces agents devenus nécessaires, de quelle source les tirer, et comment les employer? Ces entretiens ont pour destination de vous l'apprendre, et, grâce à ces *nouveaux agents*, au lieu de rester condamnés à faire de la viande pour avoir du blé, nous ferons du blé pour avoir un bénéfice d'abord, puis de la paille, de la viande, et enfin du fumier. »

Page VI. « Avec les *nouveaux procédés*, l'agriculture acquiert une liberté d'action qui lui était inconnue. Il ne peut plus être question de lenteur, d'atermoiement; plus de ces énormes dépenses qu'entraîne la culture fondée sur l'élève du bétail. »

Page VII. « Ces agents appelés dans notre pensée à devenir le principal levier de l'agriculture, d'où viennent-ils? Des entrailles de la terre, où ils existent *en dépôts* inépuisables. Leur emploi, de plus en plus généralisé, doit, en élevant la fertilité du sol, améliorer nos conditions d'existence et imprimer un essor tout-puissant à l'accroissement de la population ! »

Page VII. « Remarquons même que si le rendement moyen s'élève à 14 hectolitres, c'est grâce à huit ou dix de nos départements du nord, où le rendement dépasse 30 hectolitres. »

Voilà, sauf les résultats de l'expérience faite en Champagne chez M. Ponsard, résultats sur lesquels nous avons déjà dit quelques mots, les passages les plus saillants de la préface du nouveau livre de M. Ville.

Cette pièce est ce qu'on pourrait appeler le manifeste révolutionnaire lancé par M. Ville, contre les principes qui ont régi l'agriculture jusqu'à ce jour, et qui ont si puissamment contribué à ses développements et à ses succès.

« Les traditions du passé ne suffisent plus; c'est le renversement de l'ordre suivi et préconisé jusqu'à présent. L'emploi de *nos agents de fertilité* doit imprimer un essor tout-puissant à l'accroissement de la population, etc. » On s'attend, après un pareil étalage, à la divulgation de quelque pratique ou de quelque arcane merveilleux destiné à produire des effets si extraordinaires, qu'il ira même jusqu'à « imprimer un essor tout-puissant à l'accroissement de la population. » Il n'en est rien, et tout cela se borne à une phraséologie aussi creuse que banale; nous voyons tout simplement une recette connue, composée d'agents connus que M. Ville a bien appelés engrais chimiques, mais qui, en définitive, doivent toute leur action fertilisante à l'azote nitrique ou ammoniacal, aux phosphates, à la potasse et à la chaux, dont l'efficacité est reconnue depuis un temps immémorial. Donc : pas un seul *agent nouveau.*

M. Ville ignore-t-il donc que les récoltes magnifi-

ques qu'il nous promet on les obtient depuis longtemps dans le nord de la France? Non certes, car il
l'a constaté; mais ces 30 hectolitres de blé à l'hectare, desquels il parle, sont même bien dépassés:
tous les agriculteurs ont pu lire, dans la description si intéressante qu'a faite M. Barral de l'exploitation de Masny, dirigée par M. Fiévet, qu'on y a
obtenu des maxima de 44 hectolitres; on a vu aussi
qu'à Brebières, chez M. Pilat, les rendements se
sont élevés jusqu'à 59 hectolitres. Voilà au moins
des modèles sérieux. que l'on peut signaler de préférence à la similiculture de M. Ville, et nous allons
y revenir.

Comment s'y prend-on dans les départements du
nord pour obtenir de pareils résultats? Au moyen
des fourrages artificiels, des récoltes de racines et
de plantes oléagineuses, on nourrit et on engraisse
surtout un nombreux bétail qui produit toujours
beaucoup d'excellent fumier. On chaule, si besoin
est, et on marne de préférence, les terres qui ont
besoin de calcaire. L'engrais humain, enrichi de
tourteaux et répandu depuis bien longtemps sur les
terres, leur fournit de l'azote organique et de l'azote
ammoniacal, ainsi que de la potasse, des phosphates, de la magnésie, sans parler de la silice, de
l'oxyde de fer, du chlore et du soufre, etc. On y ré-
pand aussi des cendres pyriteuses pouvant produire
d'utiles réactions à la faveur de l'acide sulfurique ou
des sulfures; le tout sans préjudice de nombreux

déchets et résidus d'établissements industriels ou des annexes de la ferme : vinasses de distilleries, écumes de défécation que les cultivateurs sérieux de ces contrées savent parfaitement mettre en usage.

On voit que dans cette savante et prospère agriculture où, de l'aveu même de M. Ville, on obtient de très-belles récoltes, comme dans l'antique Chanaan, on ne se passe pas de fumier, mais on se passe fort bien d'engrais chimiques purs, et la terre ne s'en porte pas plus mal. En gens qui savent compter juste et bien, nos agriculteurs du nord, qui ne font pas de la culture pour rire, savent parfaitement qu'il est toujours plus économique d'employer des matières premières, que des produits alambiqués grevés de gros frais de fabrication qui en augmentent nécessairement le prix d'achat.

C'est là que M. Ville aurait dû commencer par aller à l'école, au lieu de jouer gravement à monsieur Grosjean et de donner des leçons d'économie pratique à des hommes qui en savent beaucoup plus que lui sur ce point.

Quant à la prétention d'avoir créé en faveur de l'agriculture « une liberté d'action qui lui était inconnue jusqu'ici, et que, grâce à ces nouveaux procédés, il n'y a plus de ces énormes dépenses qu'entraine la culture fondée sur l'élève du bétail, » cela n'est pas sérieux et n'a rien de nouveau au point de vue du fait agricole, car il y a six ou huit ans que des agriculteurs très-distingués, parmi lesquels nous

nous contenterons de citer MM. Coignet, le vicomte de Roquefeuil, M. J. de Cossigny, le vicomte Duhamel, M. A. Gohin et le comte de Beaurepaire, ont prouvé, dans l'*Annuaire des engrais et des amendements*, qu'ils avaient réalisé pratiquement et économiquement la question si importante de la production des fumiers sans le moindre bétail. (Voir, particulièrement, année 1860, page 110.)

Nous croyons pouvoir limiter là tout ce qui a trait à la préface du livre qui nous occupe, et parce que cela nous paraît suffisant pour bien montrer le caractère général de l'œuvre. Toutefois, par cela même que M. Ville constate que le champ d'expériences de Vincennes est dû aux libéralités de l'Empereur, et qu'il semble vouloir en tirer vanité en faveur de sa prétendue doctrine, qu'il nous soit permis de lui rappeler aussi, en faveur de la thèse que nous soutenons, que c'est à l'initiative du chef de l'État qu'est due la fondation du camp de Châlons comme moyen de procurer à cette partie si intéressante de la Champagne des fumiers abondants et non des engrais chimiques.

CHAPITRE IV

PREMIER ENTRETIEN

> « Il ne faut jamais perdre de vue que les *sels ammoniacaux et les nitrates, ne contenant pas tous les éléments constitutifs des plantes, ne pourraient être employés seuls pendant longtemps de suite sans inconvénient*, et assurer au sol une fertilité durable ; on ne doit donc les considérer que comme des engrais complémentaires. »
>
> (Isid. Pierre, *Chimie agricole* (1863), page 420.)

Passons maintenant au premier entretien de M. Ville. Il est assez vide. Pas un aperçu nouveau ; rien d'original. Toutes choses déjà dites, mais sans désigner aucun des savants illustres qui ont si laborieusement posé les fondations de cet édifice scientifique que le monde entier admire, et dans lequel entre M. Ville en oubliant de se décoiffer.

Pour l'homme des champs qui n'est pas au courant de tout ce que dit M. Ville, on dirait vraiment

que tout est de lui; il est impossible de ne pas croire
cela en lui entendant dire : « Je décompose en quelque sorte sous vos yeux et je vous démontre...
comme je l'avais avancé... je donnerai le nom de...
je ferai remarquer... il me suffira d'ajouter... je formule mes conclusions, etc. » Retirez tout ce qui vient
d'autrui dans ce chapitre, et il ne reste rien, absolument rien pour M. Ville, sinon son rôle d'historien
et le culte encombrant de l'auteur pour le pronom
personnel.

M. Ville constate, page 17, que là où le blé bleu
ne réussit pas, le blé anglais vient à merveille; mais
M. Ville aurait bien dû nous dire le pourquoi de
cette anomalie, lui qui connaît le travail de la végétation *dans son principe* et dans ses détails; au
moins nous aurions su pourquoi le blé bleu est si
souvent envahi par la rouille, alors que le blé anglais
en est préservé; tandis que nous ne sommes pas plus
avancés qu'avant.

*
* *

Il y a dans le travail de M. Ville des questions de
principes et de priorité qui, par la manière dont
elles sont présentées, ne peuvent être séparées et
doivent être traitées ensemble.

M. Ville prescrit comme nourriture de la végétation le phosphate acide de chaux, pour fournir

l'acide phosphorique ; il conseille les nitrates de potasse et de soude pour apporter des alcalis et de l'azote qui est en outre renforcé par du sulfate d'ammoniaque ; et enfin la chaux nécessaire aux récoltes doit être fournie par le sulfate de chaux : voilà les cinq engrais chimiques, les cinq sels destinés à alimenter, exclusivement à toutes autres substances, toutes les récoltes qu'on voudra demander à la terre. Écoutez plutôt :

« Les conditions les plus favorables de la fertilité « se trouvent donc réalisées par la réunion de ces « quatre termes : matière azotée, phosphate de « chaux, potasse et chaux. » (Page 47.) — « *Le pro-* « *blème de la végétation vient de recevoir là sa* « *solution souveraine.* » (Page 46.) — « *Avec l'engrais* « *chimique complet on peut cultiver* INDÉFINIMENT *la* « *même terre, et toujours avec le même succès.* » (Page 120.) Examinons.

Et d'abord, en fait de priorité, la prétention de M. Ville si bien affichée par cette phrase à effet : *Le problème de la végétation vient de recevoir là sa solution souveraine,* cette prétention, disons-nous, n'est pas soutenable.

Tout le monde sait que la doctrine de l'alimentation exclusive des végétaux au moyen des sels a eu depuis bien longtemps M. Liebig pour parrain, ainsi que Soubeiran le rappelait dès 1849 (il y a vingt ans) dans un mémoire sur l'humus, duquel nous avons tiré l'épigraphe de ce chapitre.

Si nous entrons dans le détail des sels choisis par M. Ville, il ne sera pas plus heureux. Est-ce à son patronage que le phosphate de chaux doit d'être connu? Mais qui ne sait que sous les noms de noir animal, noir de raffinerie, poudre d'os, nodules, coprolithes, apatites, phosphorites, c'est du phosphate de chaux qu'il s'agit? Le noir animal? c'est en 1820 que ses propriétés ont été découvertes par hasard par F. Fabre, maire de Nantes, et que M. Payen les a étudiées. La poudre d'os? mais elle est employée depuis bien longtemps aux environs de Thiers, en Auvergne, où les débris de la fabrication des manches de couteaux sont ainsi utilisés par l'agriculture. M. du Jonchay n'a-t-il pas aussi passé sa vie à fertiliser d'immenses étendues de terrain dans l'Allier, il y a vingt ou vingt-cinq ans, par la poudre d'os torréfiés? Les nodules et coprolithes? leur découverte remonte à 1822, époque à laquelle Buckland les découvrit pour la première fois en Angleterre. Quant à la phosphorite de l'Estramadure, elle était déjà connue au XIIIe siècle, et il y a longtemps aussi que l'apatite de Norvége a été signalée et consommée par les Anglais. On voit donc que le privilége de l'emploi du phosphate de chaux en agriculture ne peut être réclamé à aucun titre par M. Ville; nous allions oublier, quant à sa transformation en phosphate acide de chaux au moyen de l'acide sulfurique, que c'est aux tentatives faites il y a vingt-cinq ans par le duc de Richmond qu'elle est due. Tous les

faits que nous venons de rappeler succinctement
ont été remis en lumière par M. Bobierre dans son
excellent et consciencieux ouvrage intitulé : l'*Atmosphère, le sol et les engrais*. Voyons si M. Ville sera
plus heureux avec ses autres sels.

« L'utilité des alcalis dans la végétation ne saurait
être douteuse ; nombre de pratiques agricoles le démontrent jusqu'à l'évidence, et la formation des al-
caloïdes dans les plantes en est, d'après M. Liebig,
une nouvelle preuve. » (Boussingault, *Économie rurale*, t. I, p. 111.) Parlant ensuite de l'application,
M. Boussingault dit, même volume, page 689 : «Par
économie, on emploierait du salin, » c'est-à-dire le
carbonate de potasse brut; mais comme M. Ville paraît fort peu préoccupé de l'économie des moyens,
il conseille le même produit *raffiné*. Il fallait bien
avoir l'air de dire autre chose que ce que M. Boussingault avait déjà dit il y a longtemps.

S'agit-il des nitrates de potasse et de soude? Mais
le comte de Gasparin, dans le premier volume de
son *Cours d'agriculture* (page 507), rappelle que dès
1825 Wogth signalait déjà l'action fertilisante du salpêtre : lui-même affirme qu'il en a obtenu de bons
effets et M. Lecoq, dans son *Traité des engrais salins*
publié en 1832, dit aussi que c'est celui de tous les
engrais salins qui jouit des propriétés les plus énergi-
ques. Quant au nitrate de soude, le comte de Gasparin cite également les expériences auxquelles l'ont
soumis Vilmorin et M. Kulhmann en France, et

Chaterley en Angleterre, sans parler des applications agricoles du même produit, dès 1850, par MM. Lawes et Gilbert. Nous ne voyons donc pas encore en quoi M. Ville pourrait revendiquer la priorité en ce qui concerne l'emploi des nitrates. Nous n'avons pas mentionné à dessein les expériences remarquables et décisives faites sur l'emploi du salpêtre par M. Boussingault et publiées dans le *Journal d'agriculture pratique* des 5 décembre 1855, 20 janvier 1856, 5 février 1857 et 5 décembre 1858 : M. Ville dirait peut-être qu'on l'a copié !

Nous arrivons maintenant au sulfate d'ammoniaque. « C'est en présence de ces faits qu'en 1832, époque à laquelle je me trouvais sur les côtes de la mer du Sud, j'adoptai l'opinion que je professe aujourd'hui sur l'utile intervention des sels à base d'ammoniaque dans les phénomènes de la végétation. » (Boussingault, *Économie rurale*, t. I, p. 692.) Le comte de Gasparin (page 512 du premier volume [1] de l'ouvrage déjà cité) rapporte que, dès 1814, Rigault de Lisle avait constaté les bons résultats du sulfate d'ammoniaque sur le blé, et que trente ans plus tard, en 1844, les belles expériences de MM. Kulhmann et Schattenmann en ont complété

---

1. C'est à dessein que nous citons souvent M. Boussingault et le comte de Gasparin ; d'abord parce que c'est un hommage rendu à la mémoire de ce dernier pour tout le bien qu'il a fait en généralisant les connaissances agronomiques, qui se répandent de plus en plus aujourd'hui, et enfin parce que ce sont là des autorités que l'on peut invoquer devant des agriculteurs.

la démonstration. Voici donc cinquante-quatre ans que l'efficacité du sulfate d'ammoniaque comme engrais a été étudiée et mise hors de doute. Quant au dernier sel, le plâtre ou sulfate de chaux, employé de temps immémorial dans le Hanovre, il y a trop longtemps que la belle expérience faite par Franklin, en Amérique, est connue pour que M. Ville puisse élever la moindre prétention d'avoir découvert son action sur la végétation. En résumé, nous ne croyons pas que la petite revue que nous venons de passer soit à l'avantage des prétentions excessives de M. Ville annonçant l'emploi d'*agents nouveaux*.

L'emploi de la poudre d'os, connu depuis si longtemps, celui du noir animal datant de près de cinquante ans, la découverte des coprolithes faite il y a plus de quarante ans, le superphosphate de chaux fabriqué il y a vingt-cinq ans, les nitrates employés il y a plus de quarante ans, le sulfate d'ammoniaque reconnu efficace depuis plus de cinquante ans, et l'effet du plâtre connu de temps immémorial dans le Hanovre et en Amérique, voilà les faits constants et hors de doute qui ont mis dans le domaine public l'emploi des sels choisis par M. Ville. Quant à leur réunion et à l'emploi exclusif de leur mélange, nous avons déjà cité les formules de MM. Lawes et Gilbert et produit celle du docteur Delattre, et l'on sait ce qui est arrivé en Angleterre à la suite de la croisade qu'est allé y prêcher M. Liebig, vers 1840, en faveur des engrais minéraux. Mais

bien mieux, on n'a pas oublié le retentissement
qu'a eu l'emploi comme engrais du guano du Pérou
et les désillusions dont a été suivi son usage abusif
dans certaines parties de l'Allemagne, en Saxe surtout. Eh bien, qu'est-ce donc que le guano du Pérou,
si ce n'est un mélange naturel et en proportions
diverses de sels ammoniacaux, de phosphates de
chaux et de sels alcalins?

Le sulfate de chaux y manque, il est vrai, mais rien
n'est plus facile que de l'y introduire, si toutefois il
n'y a pas été déjà introduit par suite de l'action de
l'acide sulfurique qu'on emploie quelquefois pour
rendre solubles certains phosphates de chaux récal-
citrants que contient le guano, indépendamment du
phosphate soluble qui y existe.

On le voit donc : ni l'usage des engrais chimiques
isolés, ni celui d'engrais de compositions diverses
réunis pour satisfaire aux conditions d'une alimentation complète ou partielle de la végétation, ne sont
d'invention récente.

*
* *

Une foule d'expérimentateurs, agriculteurs, agronomes, physiciens, chimistes, ont concouru à amener
la science et l'art agricoles au point où ils sont arrivés aujourd'hui. Aussi ce qui frappe la vue avant
de satisfaire l'esprit et le cœur, quand on ouvre les

ouvrages qui traitent de l'agriculture et qui ont vu le jour dans les vingt dernières années de ce siècle, ce sont les renvois, les notes, les citations, les noms propres sur lesquels ordinairement l'écrivain consciencieux et honnête appuie ses raisonnements, ses prescriptions, et dont il orne et enrichit son ouvrage.

Eh bien, nous le disons à regret, mais c'est un fait matériel bien facile à vérifier pour tout le monde : qu'on ouvre le volume de M. Ville, on n'y verra rien de semblable, et si un nom honoré est cité quelque part, on reconnaît que ce n'est pas du tout avec l'intention d'en éclairer l'auréole. On voit très-clairement que M. Ville ne tend à rien moins qu'à substituer son importante personnalité à celle de ses devanciers. En un mot, M. Ville imagine que ses lecteurs, surpris il y a trente ou quarante ans dans le palais de la Belle au Bois dormant par un sommeil léthargique, se réveillent aujourd'hui à point nommé pour lire et admirer ses découvertes, ses procédés d'analyse, ses résultats d'expériences qui sont le fruit de longs et infatigables travaux auxquels plusieurs vies d'homme pourraient à peine suffire, travaux qu'il a su à lui tout seul mener à bonne fin. Nous devons donc le déclarer bien haut : M. Ville a trouvé un édifice tout construit et n'a pas eu la peine d'y apporter une seule pierre ; mais, suivant nous, le couronnement qu'il prétend y placer aujourd'hui n'en est pas digne : c'est un étage de carton !

M. Ville nous dit (page 18) : « Pour moi, je crois
nos espèces végétales susceptibles d'améliorations
non moins importantes que celles que l'on a réalisées sur nos animaux domestiques. » Eh ! Monsieur,
vous nous dites là une vérité qui court les rues
(c'est l'expression propre) depuis bien longtemps,
avant que vous vinssiez au monde. Les légumes et
les fruits que vous mangez, les fleurs qui réjouissent
votre vue, vos devanciers les ont fait passer de
l'état sauvage à l'état domestique, et convenez qu'ils
ont eu d'autant plus de mérite, qu'ils n'avaient pas
même la ressource des engrais chimiques et qu'ils
n'étaient pas parvenus comme vous à posséder des
secrets si merveilleux sur la végétation; au moins
ne s'en sont-ils jamais vantés.

N'oublions pas, puisque nous sommes sur ce
sujet, de rappeler les travaux que le regrettable
Louis Vilmorin a faits, notamment, sur l'amélioration
de la betterave, suivant qu'on la considère comme
plante fourragère ou comme plante saccharine.

CHAPITRE V

DEUXIÈME ENTRETIEN

« En admettant que le prix de ces matières (engrais chimiques) devienne accessible à l'agriculture, pourra-t-on les employer à la place du fumier, quitte à amender la terre de temps en temps ? Pourra-t-on, moyennant leur emploi, ne plus se préoccuper de la production des fumiers proprement dits réduire, par conséquent, le bétail, et conserver la plus grande partie du domaine à la culture des céréales ? Assurément non, Messieurs. Qu'on se souvienne que les plantes ne demandent pas seulement au sol cet excès de principes organiques qu'elles ne peuvent pas trouver dans l'air, mais aussi des principes fixes minéraux très-variés ; et lorsqu'un sol ne contiendra pas ces deux sortes de principes, il n'offrira jamais aux plantes des conditions de prospérité. Or, les sels ammoniacaux et en général tous les engrais de même nature n'introduisant dans la terre que des éléments très-peu variés, ils ne satisfont donc pas aux conditions d'une fertilité durable. »

(MALAGUTI, *Leçons de chimie agricole* (1863), page 406.)

Cette partie du travail de M. Ville est principalement employée à décrire les phénomènes de l'alimentation végétale : nous n'y avons trouvé aucun aperçu nouveau.

On y signale les sources, déjà connues, où les plantes puisent le carbone et l'azote qui entrent dans leur composition, et ces descriptions sont, comme toujours, semées d'aphorismes et de sentences.

M. Ville affirme (page 21) que le carbone joue un rôle de premier ordre dans l'alimentation végétale, et en même temps, par une étrange contradiction, il admet *qu'on peut cependant l'exclure des engrais*, parce que (page 22) l'atmosphère en est une source inépuisable. « L'acide carbonique, *phénomène extrêmement simple*, absorbé par les feuilles, s'y décompose ; le carbone reste acquis à la plante, l'oxygène, devenu libre, retourne à l'atmosphère, *phénomène de réduction vraiment extraordinaire*. » Ce qu'il y a, selon nous, d'extraordinaire, c'est de voir le même fait qualifié par la même personne et dans la même page au moyen d'expressions si incompatibles entre elles. Comment s'expliquer qu'un phénomène soit en même temps extrêmement simple et vraiment extraordinaire ? Ce n'est pas tout : on nous dit (page 23) « que la terre rend dix fois plus qu'on ne lui donne en agents de fertilité, » et cependant l'un des préceptes de M. Ville, au sujet duquel tout le monde sera d'accord avec lui, c'est qu'il faut rendre à la terre plus qu'elle ne donne : mais si, à son tour, elle vous rend dix fois plus que vous ne lui donnez, nous demandons où aboutira, au bout de quelques années, ce combat de générosité ? Puis voilà qu'à la page 24 on nous dit que les $\frac{95}{100}$ de la substance végétale ne viennent pas du sol et que « l'industrie humaine doit fournir l'appoint indispensable... »

Ce n'est pas fini. Jugez-en : « Les feuilles sont essentiellement le siége de l'assimilation du carbone ; *ni les racines*, ni le tronc, ni les branches ne participent à cette importante fonction. » (Page 29.) Voici maintenant ce qui est écrit à la page suivante : « Les végétaux tirent cependant une certaine quantité de carbone des couches profondes du sol *que les racines absorbent.* » (Page 30.)

Ma foi, comprenne qui pourra ! Le livre est rempli de ces négligences-là, ce qui ne l'a pas empêché d'avoir des admirateurs. Mais poursuivons toujours.

Les contradictions de M. Ville se rencontrent à chaque page. Autre preuve : « Quoi qu'on fasse, la matière mise en œuvre éprouve des déchets... Il y a perte inévitable, et le produit, qui est la représentation du travail, est en déficit. » (Page 23.) Bastiat, l'illustre et courageux Bastiat n'eût pas mieux dit. Après cela, il n'y a pas deux conclusions : les producteurs de l'agriculture qui savent vraiment compter juste doivent éviter l'emploi de ces matières dont la mise en œuvre amène des déchets, et pour lesquels le produit obtenu est en déficit. Eh bien, pas du tout, ce sont précisément ces produits-là

que M. Ville recommande à l'agriculture. C'est d'une
puissance de logique à nulle autre pareille.

* *

Les pages 25 à 27 sont employées à des aperçus
plus ou moins fondés sur la force nécessaire pour
réduire et fixer un kilogramme de charbon dans la
végétation. La théorie mécanique de la chaleur
n'avait peut-être pas grand'chose à faire là, mais
enfin elle se termine par ce théorème consolant, à
savoir que si l'homme dépense 1 en efforts mécaniques, la nature y ajoute 444 à l'état inostensible
de chaleur et de lumière.

Nous ne contestons pas que des considérations de
ce genre puissent être utiles par leur côté moral et
philosophique, mais elles sont un hors d'œuvre quand
il s'agit de la technologie des engrais. Nous aimons
bien mieux et nous trouvons bien plus pratique l'affirmation et la démonstration de cette maxime qu'a
publiée, il y a plusieurs années déjà, M. Moll, à savoir qu'en agriculture il faut autant que possible
employer le travail à aider la nature plutôt qu'à la
contrarier.

En continuant à s'occuper du carbone de l'atmosphère assimilé par les feuilles des plantes et pouvant
s'élever jusqu'à 10,000 kil. par hectare, M. Ville
pose en principe d'une manière absolue que « *ni les*

racines, ni le tronc, ni les branches ne participent à cette importante fonction » (page 29); puis, se ravisant d'une manière inattendue et se donnant tout à coup un éclatant démenti, il commence ainsi au bas de la même page : « Si l'atmosphère est la source principale où les végétaux puisent le carbone, ils en tirent cependant une certaine quantité des couches profondes du sol, que *les racines absorbent,* et que les feuilles décomposent et s'assimilent : il provient de la décomposition des détritus végétaux qui n'y font jamais défaut. » (Page 30)

Nous le demandons à M. Ville lui-même, quel fond peut-on faire sur des doctrines aussi vacillantes, aussi peu étudiées, parce qu'elles sont si peu éprouvées? Nous le demandons enfin à tous les hommes de bonne foi : est-ce là un enseignement scientifique?

M. Ville dit que les débris végétaux que chaque culture laisse dans le sol après la récolte, comme le chaume des céréales, par exemple, pourra fournir de l'humus. C'est vrai; mais au bout de combien de temps, si on exclut le fumier? Comment M. Ville ne comprend-il pas que sous l'influence de l'action alcaline des fumiers et de la fermentation de ceux-ci on obtiendra plus rapidement la pourriture des chaumes et leur transformation en humus soluble, ce qui veut dire de l'azote et des éléments d'engrais promptement assimilables et réalisés à courte échéance par conséquent; tandis que si l'on exclut le fumier, si on ne laisse agir que le temps et l'atmosphère, la valeur engrais ne sera réalisée en récoltes qu'à très-longue échéance, c'est-à-dire qu'on aura fait tout le contraire de ce que l'agriculture demande avec tant de raison.

Il est certain que les débris végétaux ne peuvent devenir utiles qu'après une altération profonde, et la transformation du ligneux sous l'influence de la pourriture humide, et que l'alcalinité, ainsi que la fermentation des fumiers, sont de nature à favoriser cette transformation, à l'accélérer énergiquement. C'est là, à n'en pas douter, l'un des bons effets du parcage; mais M. Ville, qui est très-neuf sur le terrain des idées pratiques, n'a pu songer à tout cela, et il en parle trop souvent comme un véritable écolier. D'ailleurs, c'est le propre des esprits superficiels de ne voir que la surface des choses, de s'arrêter tout court dès qu'ils croient tenir une solution; c'est trop pour eux d'aller au fond des questions pour en extraire le dernier mot. Ils trouvent que c'est plus simple d'en extraire des phrases.

Quoi qu'il en soit, nous sommes forcé ici d'être un peu moins bref que M. Ville sur cette nouvelle source de carbone, sur ces « détritus végétaux, » sur *cet humus* enfin, puisqu'il faut l'appeler par son nom, qu'il a relégué sur un dernier plan.

Et d'abord, les plantes commencent par avoir quelques racines avant d'avoir des feuilles : qui a fourni le carbone de ces racines? la semence d'abord pour une faible partie et l'humus pour le reste : ces racines servent de conduits à la séve; mais cette séve elle-même contient du carbone sous différents états.

Est-il certain que tout ce carbone soit uniquement fourni par l'acide carbonique qu'absorbent les feuilles? Il est permis de croire que l'humus y contribue pour une partie; car, si l'atmosphère contient de l'acide carbonique en bien minime quantité, l'air confiné dans la terre peut en contenir de 22 à 243 fois autant, ainsi que l'ont prouvé, dès 1853, les belles expériences de MM. Boussingault et Lewy, la plus petite quantité se rapportant à une terre qui n'avait pas été fumée depuis un an, et la plus forte à une terre récemment fumée. Les pratiques séculaires de la culture maraîchère sont là pour prouver aussi, d'une manière irréfutable, l'importance du rôle que jouent les engrais végétaux dans la production des organes foliacés des plantes.

M. Ville, qui a oublié de penser à tout, n'a jamais considéré l'humus qu'au point de vue des quantités nécessaires à l'alimentation végétale directement, et il n'a guère oublié que le plus important, c'est-à-dire les quantités considérables d'humus qui sont détruites d'une façon incessante sous l'action multiple des labours et de toutes les forces atmosphériques représentées par l'influence de l'eau, de l'air, d'une température élevée et d'une fermentation presque continuelle.

La quantité d'humus détruit en dehors des besoins directs de la végétation doit être plusieurs milliers de fois supérieure à celle qui est immédiatement utile à la récolte. Cela est si vrai, d'ailleurs, qu'à défaut de fumures vraiment complètes, c'est-à-dire apportant au sol les éléments végétaux·nécessaires à la formation de l'humus et du terreau, les terrains s'effritent trop souvent avec une rapidité désespérante.

M. Ville paraît, de plus, être tombé ici dans deux erreurs : suivant lui, ces détritus végétaux, source d'acide carbonique, se tiennent dans les couches *profondes* du sol et n'y font jamais défaut. Eh bien, le développement des immenses tranchées qu'ont nécessitées les chemins de fer est là pour attester 1° que c'est toujours à la surface du sol que les dépôts de détritus végétaux se trouvent, et 2° qu'ils y font assez souvent défaut, mais que dans ce dernier cas le sol ne présente qu'une végétation languissante et quelquefois même manque complétement.

*
* *

Le reste du deuxième entretien est consacré à l'azote. M. Ville admet que ce gaz ne peut être assimilé par les végétaux que sous trois formes différentes : à l'état d'ammoniaque comme le fait le froment; à l'état de nitrate, comme le demande la betterave, et enfin à l'état gazeux, pour les légumineuses. Puis

M. Ville pose en principe qu'il y a toujours plus d'azote dans la récolte que dans l'engrais qui a servi à la produire; l'excédant serait par hectare de 43 kil. pour le topinambour, et de 170 kil. pour la luzerne; cet exédant vient de l'air, dit notre auteur, mais à quel état l'azote est-il absorbé?

M. Ville, passant en revue les trois sources d'azote qu'il a signalées au début, et reniant son précurseur M. Liebig, affirme que ce ne peut être sous la forme d'ammoniaque, cette substance étant, dit-il, en quantité insignifiante dans l'atmosphère. La même objection est faite à l'acide nitrique, contenu aussi dans l'air en quantité minime; mais cependant l'auteur fait une autre objection que nous allons reproduire (page 33) : « Si l'azote ne pénètre dans la luzerne qu'à l'état de nitrate, n'est-il pas évident qu'on doit trouver dans la récolte une quantité de base correspondante à l'acide nitrique, source supposée de l'azote : à Vincennes, pour la luzerne l'azote a dépassé de 135 kil. par hectare celui qui correspondait aux bases. »

Ce raisonnement n'a rien de concluant.

Le composé azotique quel qu'il soit a pu être décomposé en présence de la matière végétale organisée, puis l'azote entrer dans la composition de la récolte, mais en laissant le résidu, ou la base, à la porte, c'est-à-dire dans le sol.

Quant à l'azote en excédant sur celui qui a été fourni par l'engrais, personne n'a jamais contesté qu'il avait pu être pris à l'atmosphère et surtout aux eaux pluviales, ainsi que l'ont établi les travaux si intéressants de M. Barral sur ce sujet.

Pour ajouter à cette insignifiance des nitrates, M. Ville dit encore (page 33) : « On peut obtenir des rendements aussi élevés en remplaçant les nitrates par du carbonate de potasse, c'est-à-dire des produits alcalins et azotés par un produit sans azote..... Avec du nitrate de soude donné pour engrais à des pois, du trèfle ou de la luzerne, l'effet est nul, s'il n'est nuisible. »

On va croire d'après cela que la cause des nitrates est perdue, et que celle des carbonates va triompher. Eh bien, il n'en est rien : vous ne trouverez pas un seul carbonate dans les formules d'engrais chimiques de M. Ville, car tous les assolements sont soutenus par des nitrates de potasse et de soude. La page 33 se termine par l'énoncé de résultats d'expériences dont le récit est continué page 34. Bien entendu, nous n'avons pas l'intention d'en discuter les résultats : il faudrait pour cela avoir par devers soi d'autres expériences analogues.

Toutefois, il en résulterait que les plantes cultivées doivent être rangées sous trois classes : la première renfermant les plantes qui contiennent beaucoup d'azote sans qu'on soit tenu, suivant M. Ville, de leur en fournir : ce sont les pois, les haricots, le trèfle, la luzerne; puis viennent les plantes qui ne réalisent ce bénéfice en azote qu'à la condition expresse d'avoir recours à des engrais azotés : on y range les betteraves et le colza ; arrivent enfin les plantes qui exigent beaucoup d'azote dans le sol et n'en fournissent qu'un faible excédant, comme le froment. De cette classification des plantes naît tout naturellement ce que l'on a appelé *le système de l'alternat*, connu de tout le monde.

M. Ville confirme ensuite ce qui a été établi bien avant lui par Mathieu de Dombasle et par le comte de Gasparin, à savoir que l'excédant d'azote obtenu par les plantes de la deuxième catégorie est en quelque sorte proportionnel à la quantité que le sol en a reçue antérieurement, et sur ce, M. Ville se livre à des calculs de la surface foliacée des récoltes ayant pour objet d'expliquer ce fait par l'importance que prennent, sous l'influence de l'engrais, ces surfaces chargées d'absorber l'azote de l'air. Il est bien entendu que ce n'est là qu'une hypothèse de l'auteur.

Après avoir dit, page 33, ainsi que nous l'avons vu, qu'on peut obtenir des rendements aussi élevés en remplaçant des produits alcalins et azotés par un produit *sans azote*, voilà que notre auteur annonce, page 37, que les matières azotées jouent un rôle *de premier ordre* dans l'économie végétale ; puis, comme avec lui il est rare qu'une contradiction marche seule, il conseille, pour fournir l'azote, d'accorder la préférence aux sels ammoniacaux et au nitrate de soude : or on n'a pas eu le temps d'oublier qu'à la **page 33** il a affirmé que ce dernier sel, le nitrate de soude, fourni pour engrais à des pois, du trèfle et de la luzerne, n'a produit qu'un effet nul, sinon nuisible. Cependant la foi de M. Ville dans le bon effet du nitrate de soude a fini par faiblir, car sur 57 formules d'engrais chimiques qui terminent ses *Entretiens,* le nitrate de soude n'est mentionné que 8 fois, dont 6 pour betteraves et 2 pour pommes de terre, et encore est-il toujours renforcé par du nitrate de potasse.

*
* *

Quoi qu'il en soit, M. Ville ajoute à ses prescriptions pour se procurer l'azote : « qu'on peut encore employer les matières animales, à la condition qu'elles soient aptes à se putréfier; » il reconnaît qu'elles « agissent comme les sels ammoniacaux, mais en perdant au moins 30 pour 100 de leur azote, qui se dégage à l'état élémentaire. »

Il est bien vrai que, dans des fumiers mal soignés et dans des fermentations mal conduites, il peut survenir des pertes d'ammoniaque, dont l'odorat avertit généralement, et même de l'azote pur; mais les bons agriculteurs savent aussi qu'il y a plusieurs moyens physiques et chimiques de s'opposer à ces déperditions. Tout cela est bien vieux.

Dans tous les cas, les déperditions de l'azote à l'état élémentaire n'ont été constatées par les travaux si remarquables de M. Reiset, qu'en ce qui concerne les fumiers seulement. Il s'agit donc d'un fait particulier au fumier et non d'un fait général applicable à toutes les matières animales indistinctement, et nous ne comprenons pas dès lors pourquoi M. Ville se permet de faire dire aux travaux de M. Reiset ce qu'il n'ont pas dit du tout.

M. Ville est coutumier du fait, et il a d'autant moins droit à l'indulgence, qu'il est ici en état de récidive. Citons des faits que chacun pourra vérifier. Dans un précédent recueil relatif à ses Conférences, M. Ville s'est également permis d'affirmer quelque chose de semblable touchant un engrais Krafft, et en invoquant, à l'appui de ses dires, des travaux consignés, disait-il, dans les *Annales de physique et de chimie*. Nous avons tenu à vérifier le fait, et nous n'avons trouvé, à la source indiquée, absolument rien qui eût trait à M. Krafft ni aux produits qu'il fabriquait alors. Ce *flagrante delicto* montre assez clairement ce que valent au juste les affirmations de M. Ville.

*
* *

Le deuxième entretien se termine par la recommandation que voici : « Un des secrets de l'agriculture rémunératrice est de tirer de l'air le plus d'azote possible, par l'alternance des cultures. Un des services les plus utiles que la science ait rendus aux agriculteurs a été de mettre cette vérité dans tout son jour. »

Certes, puisqu'on se mettait ici sur le terrain de la science, il eût été de bon goût de rappeler les noms des savants à qui l'on doit d'avoir mis dans tout leur jour les heureux résultats de l'alternance, et M. Ville aurait pu, sans se compromettre, dire que c'est à M. Boussingault que l'on doit, entre autres nombreux travaux, d'avoir pesé, mesuré et analysé les engrais et les produits d'un assolement de cinq ans, comme aussi ceux d'un assolement continu de topinambours. Mais M. Ville n'en est pas là, lui qui écrit en toutes lettres, à la page 198, qu'un abîme le sépare de M. Boussingault. Après cela il ne faut plus s'étonner de rien.

CHAPITRE VI

TROISIÈME ENTRETIEN

« Quelles que soient sa constitution et ses propriétés, la terre ne produit des récoltes lucratives
qu'autant qu'elle renferme une quantité suffisante
de matières organiques sous un état plus ou moins
avancé de décomposition. Il est des sols favorisés
dans lesquels cette matière, désignée sous le nom
d'humus ou de terreau, existe naturellement ; d'autres, et c'est le plus grand nombre, en sont totale-
ment privés, ou n'en contiennent qu'une proportion
insignifiante. Ces sols exigent, pour devenir fertiles,
l'intervention des engrais de ferme ; rien ne saurait
y suppléer, ni le travail qui les ameublit, ni le climat qui aide si puissamment leur fécondité, *ni les
sels ou les alcalis*, auxiliaires si utiles de la végétation. »

(Boussingault, *Économie rurale*, chap. VIII.

Après avoir traité du carbone et de l'azote, ainsi
que nous l'avons vu jusqu'à présent, M. Ville continue la recherche des éléments qui entrent dans la
composition des végétaux, et il arrive aux minéraux,

faisant observer qu'il est impossible de savoir dans quel état de combinaison ils y existent, attendu qu'on est obligé de recourir à la combustion pour constater leur présence dans les cendres obtenues (page 41).

La conclusion, c'est que M. Ville ne sait rien de plus que tout le monde sur ce point; mais alors que devient donc cette connaissance de la vie végétale « dans son principe et dans ses détails? »

Sur les dix substances ainsi désignées comme faisant partie intégrante des plantes, M. Ville affirme que trois seulement doivent être remplacées à mesure de la consommation qu'en font les récoltes : « quant aux autres, les plus mauvaises terres en sont suffisamment pourvues » (page 42). Nous croyons qu'ici M. Ville s'est prononcé un peu légèrement, et qu'il pourrait bien y avoir des terrains qui, contrairement à son avis, seraient trop peu pourvus de certains de ces corps et dont l'épuisement n'est en définitive qu'une affaire de temps. Nous allons du reste faire comprendre, par un exemple pris dans la chimie pure, combien une très-minime partie d'un corps associé à un autre peut apporter de changements dans les propriétés de ce dernier.

Tout le monde ou à peu près connaît l'acier; les chimistes, et avec eux les métallurgistes, ont cru pendant longtemps que c'était une combinaison de fer avec un à trois deux-centièmes de carbone. Eh bien, aujourd'hui rien n'est plus incertain que la composition de l'acier : les uns y veulent du manganèse, d'autres de l'azote, et, en attendant, la question n'est pas résolue. Qui dit que les corps réputés par M. Ville comme inutiles n'ont pas autant d'importance pour une bonne végétation que l'un des quatre qu'il considère comme indispensables? Nous devons tout d'abord aller au-devant d'une objection qu'on ne manquerait pas de nous faire, c'est qu'en fait d'êtres organiques, les proportions des éléments qui les composent ne sont pas fixes comme il en est des corps inorganiques.

Notre remarque nous paraît avoir d'autant plus d'à-propos que M. Ville, très-mesuré cette fois, met ici même (page 42) une note extraite de ses précédentes Conférences de Vincennes (page 257), où il dit avec beaucoup de convenance ce qui suit : « Personne ne pourrait avoir la prétention de posséder le dernier mot de la science sur la végétation. Dans l'état de transition que nous traversons, le parti le plus sage est de s'en tenir au témoignage des faits, sans rester en deçà comme sans aller au delà, et d'éviter par-dessus toute chose les idées systématiques : composons un engrais perfectible comme la science, etc. »

Voilà, il nous semble, une profession de foi que tout homme raisonnable pourrait signer; mais c'est le cas de dire : *Quantum mutatus ab illo !* Pourquoi donc alors ces assertions autoritaires, autocratiques, absolues, exclusives, que nous avons signalées dès le début et qui sont semées à chaque pas?

C'est très-beau les maximes, mais ce qui est encore plus beau c'est d'en faire personnellement l'application, au lieu de se contenter de les formuler.

Ceci prouve que chez M. Ville il y a autant de contradictions dans les idées que dans les faits, et que l'on pourrait dire de sa doctrine qu'elle ne sait sur quel pied danser.

Quoi qu'il en soit, nous tenions à signaler ce passage, quand ce n'eût été que pour empêcher M. Ville de s'en faire une arme pour nous répondre.

* * *

Après cela l'auteur nous rend compte des **expériences** que, à l'imitation de ceux qui l'ont précédé dans la carrière, il a faites pour produire des plantes dans du sable calciné additionné des dix minéraux qu'il a reconnus comme indispensables à la végétation, en ayant soin de les éliminer successivement l'un après l'autre afin de pouvoir apprécier les effets divers produits par leur présence ou leur absence sur le développement de la végétation. Viennent ensuite les résultats de ces expériences, que nous n'avons pas à contrôler ici. Elles ont été faites dans le sable calciné ainsi que nous venons de le dire ; puis, si on substitue à ce sable une terre naturelle, il suffit de lui ajouter quatre seulement des substances précédemment employées pour obtenir une pleine récolte ; d'où on conclut que la terre contient déjà toutes les autres substances.

Sans vouloir contester l'utilité des expériences faites dans le sable calciné, nous devons pourtant faire remarquer que le sable calciné n'a rien de commun avec la matière minérale des sols arables. Que son emploi soit une nécessité d'expérience, soit ; mais alors, que M. Ville ne force pas ses conclusions et qu'il n'attribue pas aux terrains agricoles les mêmes propriétés qu'à son sable.

Sous l'influence d'une température élevée, un changement d'état s'est produit et a modifié l'état primitif de la matière. Assurément, ce n'est plus là le sable des terrains agricoles. Où donc y a-t-il quelque part de la terre chauffée à blanc?

Il n'est pas douteux que la chaleur modifie l'état de la substance. Cela est si vrai que, connaissant chimiquement la composition des charrées, on ne parviendra pas à fabriquer de toutes pièces de la charrée donnant, dans les mêmes circonstances, les mêmes résultats qu'une charrée obtenue par le feu, parce que l'arrangement et l'état moléculaire ne sont pas du tout les mêmes, bien que les deux produits soient chimiquement les mêmes.

Quoi qu'il en soit, le résultat qui en découle, et que les travaux de M. Boussingault ont fait connaître depuis longtemps, est exprimé dans les termes suivants par M. Ville (page 47) : « Les conditions les plus favorables de la fertilité se trouvent donc réalisées par la réunion de ces quatre termes; *matière azotée, phosphate de chaux, potasse et chaux* : c'est pourquoi j'ai donné à ce mélange le nom d'*engrais complet.* »

Malgré cette qualification d'*engrais complet* dont on gratifie le mélange des quatre matières que M. Ville vient d'indiquer, il reconnaît, sept lignes plus loin, que pour remplir leurs fonctions ces matières « réclament *impérieusement* le concours d'un autre ordre de matériaux que le sol contient aussi. » Ces matériaux, au nombre de trois, savoir : l'argile, le sable et l'humus, diffèrent des précédents, dit notre auteur, par leurs fonctions purement passives; ils servent de support aux plantes, mais ne concourent pas par eux-mêmes au maintien de la vie végétale. Aussi pour les distinguer des premières, qui ont reçu le nom d'*éléments assimilables du sol*, leur a-t-on donné celui d'*éléments mécaniques* (page 47 et 48).

Vient ensuite une distinction entre les aliments assimilables actifs et les éléments assimilables en réserve, ce qui veut dire assimilation immédiate, ou assimilation successive et à terme. Puis vient après l'examen de chacun de ces corps en particulier et des fonctions qu'il remplit.

En commençant par l'argile, M. Ville signale sa propriété d'absorber et de retenir l'eau ainsi que l'engrais qui se trouvent à sa disposition. A ce dernier point de vue, l'auteur aurait pu mentionner utilement un fait remarquable dont on doit la connaissance au comte de Gasparin, qui l'a publié dans le *Journal d'agriculture pratique* alors que la question des litières terreuses et marneuses était débattue. Voici ce fait :

Le comte de Gasparin avait rapporté de la Charmoise un échantillon d'engrais terreux pesant 887 grammes, sur lequel 20 grammes furent remis à M. Payen, qui y trouva 0,40 pour 100 d'azote; l'échantillon ne pesait donc plus que 867 grammes. Sept ans après, au moment où la question des litières marneuses fut soulevée, l'échantillon était réduit par l'évaporation à 563 grammes : il avait donc perdu 35 pour 100 de son poids primitif. 10 grammes en furent détachés à la surface et 10 autres grammes à l'intérieur de l'échantillon. Le premier dosa 0,58 d'azote et le second 0,61. En rétablissant par la pensée les 35 pour 100 d'humidité que l'échantillon avait perdu, on trouve que l'azote de la surface a été réduit à 0,377 et celui de l'intérieur à 0,395. La première perte est seulement de 0,023 pour 100, et la deuxième est insignifiante.

M. Ville passe ensuite au sable, qu'il dit être formé de silice à l'état de quartz : nous le voulons bien, mais nous tenons à dire qu'il y a aussi des sables calcaires faisant partie de nombreux terrains agricoles.

M. Ville a oublié de mentionner l'une des fonctions essentielles de l'argile et du sable, en ne voulant absolument voir dans ces deux corps que des supports de la végétation et non des aliments proprement dits.

Il ne faut pas être fort en chimie agricole pour savoir que les plantes, les pailles de céréales notamment, contiennent de la silice : M. Ville constate ce fait dès la quatrième page de son ouvrage. Eh bien, comme les engrais chimiques purs que leur offre M. Ville ne contiennent pas de silice, il faudra bien que les plantes la prennent au sable et à l'argile, qui deviendront alors pour les plantes des aliments. Voilà comme on ne s'avise jamais de tout.

*
* *

Nous arrivons enfin avec la page 51 à l'humus auquel, suivant M. Ville, *les agriculteurs ont attribué bien à tort un rôle de premier ordre*. Mais ils n'ont pas eu tort, puisque M. Ville lui-même (page 47) vient de ranger l'humus dans la classe des matériaux dont le concours est réclamé *impérieusement* par les engrais chimiques, pour qu'ils puissent remplir leurs fonctions.

Comment concilier toutes ces affirmations et toutes ces négations? Quel incroyable mélange de contradictions! A coup sûr, ce n'est pas M. Ville qui a inventé la logique.

Nous avons déjà vu que l'humus fournissait au sol de

l'acide carbonique, que les racines, de l'aveu même de M. Ville, sont chargées d'utiliser; mais il a encore d'autres fonctions physiques et chimiques. Au nombre des premières, figure d'abord celle reconnue par M. Ville lui-même, d'absorber beaucoup d'eau (page 52), propriété qui lui est commune avec l'argile. Nous ne pouvons, sur ce sujet, nous refuser le plaisir de reproduire, en partie du moins, une boutade de M. Joigneaux publiée en 1862 et qui ici encore a tout le mérite de l'à-propos.

« Certains théoriciens arrivent à cette conclusion : tout cultivateur qui mène aux champs 100 mètres cubes de fumier de ferme, transporte sans le savoir 796 hectolitres d'eau dont il pourrait fort bien se passer... le vent lui apportant ce liquide sous forme de nuage. Les fabricants d'engrais du commerce ont fait ressortir de leur mieux les avantages de la concentration sous un très-petit volume. Ils disent : Ce que vous mettez sur un chariot à quatre chevaux, nous le livrons dans un sac ou dans une barrique : l'hectare de telle ou telle récolte exige tant d'azote et tant de sels de diverses sortes : nous vous livrons, sous l'estampille d'un chimiste assermenté, la quantité d'azote et de sels exigible et même plus; que voulez-vous de mieux?

« En apparence, c'est raisonner juste, mais en réalité, ce n'est plus cela... Si nous desséchions nos fumiers de ferme et les réduisions en poudre pour les répandre ensuite sur nos terres, nous ne pourrions jamais répondre du succès. En temps de sécheresse ils ne serviraient à rien, et en temps de pluie ils s'useraient trop vite.... Si les engrais artificiels gagnent au petit volume pour le transport, ils gagneraient aux mélanges et par conséquent au gros volume pour l'épandage. »

Et M. Joigneaux a parfaitement raison.

L'emploi *exclusif* des engrais chimiques se trouve ici condamné par des considérations irréfutables. Les inconvénients qui en résultent sont facilement évités quand on fait des expériences en petit, parce qu'on trouve toujours bien le moyen de faire donner quelques coups d'arrosoir, et de faire ainsi la pluie et le beau temps; mais quand il s'agit de la culture de la France et de remuer des centaines de millions, ce n'est pas tout à fait aussi simple que cela, et il faut y regarder de près.

Outre la propriété d'absorber beaucoup d'eau dont jouit l'humus et de maintenir une humidité convenable dans la terre, comme le savent si bien les maraîchers qui cherchent à économiser les arrosages, sa couleur foncée lui en donne une autre qui est aussi essentielle, celle d'absorber la chaleur en plus grande quantité. D'après une expérience du comte de Gasparin, en même temps qu'une argile blanche exposée au soleil marquait au thermomètre 41° 25', la même argile noircie marquait 48° 88' l'air étant à 25°. La différence de couleur annonçait donc une différence de 7° 63' dans la température. Une autre propriété analogue de l'humus ou terreau vient encore d'être signalée par un physicien allemand dont le nom nous échappe : le terreau a une capacité calorifique beaucoup plus grande que la terre ordinaire, de sorte qu'ayant emmagasiné beaucoup plus de chaleur sous une température thermométrique donnée, il en peut céder davantage aux végétaux si la température extérieure vient à baisser, et par suite les soustraire au désastre d'une gelée blanche. Enfin, les agriculteurs savent tous que le fumier a la propriété de diminuer la ténacité des terres trop argileuses.

Les propriétés physiques de l'humus sont donc aussi importantes que ses propriétés chimiques.

Et d'abord, son étroite parenté avec le charbon le rend propre à emmagasiner les gaz, au nombre desquels il faut d'abord placer l'oxygène, qui détermine une combustion lente du terreau et sa conversion en humus, et par suite, une production constante d'acide carbonique qui est un dissolvant pour les phosphates, pour le calcaire et pour les carbonates terreux. M. Ville ayant bien voulu admettre (page 30) que le sol renferme des détritus végétaux, il faut bien qu'il consente aussi à ce qu'ils y soient décomposés, puisqu'ils finissent par disparaître, au moins en apparence, à se transformer, à se dédoubler pour donner naissance à des produits plus simples et d'une assimilation facile par la plante. Eh bien, l'humus ne manque pas de recueillir et de condenser à mesure qu'ils s'y produisent, dans l'intérieur du sol, les produits gazeux provenant soit de la décomposition du ligneux qui, ainsi que nous l'avons dit, est lente et successive, soit des matières organiques animales. Dans son travail remarquable sur l'humus, Soubeiran annonce qu'il y a trouvé une petite quantité de nitrates, de sulfates, de chlorures, et des traces de phosphates.

Il a prouvé de plus, par des expériences concluantes, que l'humus proprement dit est rendu soluble par les alcalis et particulièrement par le carbonate d'ammoniaque, et qu'enfin, sous cette dernière forme, *l'humus est absorbé directement par les racines des plantes* et peut à bon droit être rangé dans la classe de leurs aliments. Puis, faisant ici un raisonnement semblable à celui qu'a fait M. Ville lui-même à propos des plantes qui rendent un excès d'azote d'autant plus grand qu'elles en ont reçu elles-mêmes une plus grande avance sous forme d'engrais, il en conclut que « si l'humus absorbé a pour effet de donner une nourriture qui augmente la vitalité de la plante et qui accroisse le nombre et le volume des organes de l'absorption, il arrivera que la plante puisera plus largement dans l'atmosphère. Ainsi l'humus, sans avoir fourni directement tout le carbone, sera cependant la cause efficace de cette production surabondante de bois et des autres éléments du végétal. »

Enfin, d'après les analyses faites par Soubeiran et

citées par lui, l'humus provenant de l'intérieur d'un vieux chêne creux de la forêt de Fontainebleau contenait, déduction faite de 7,46 pour 100 de cendres, 55,30 carbone + 4,80 hydrogène + 37,40 oxygène + 2,50 azote. Soubeiran affirme, en outre, qu'il a toujours trouvé l'humus accompagné d'ammoniaque.

M. Ville, lui, refuse à l'humus la faculté de servir de nourriture aux plantes, lui accordant seulement le pouvoir de dissoudre le calcaire qui peut leur être utile, s'il en trouve dans le rayon de son action; et il cite à ce sujet des expériences de laboratoire à la suite desquelles il a constaté (page 53) les résultats suivants :

Engrais complet.	Nature du sol.	Rendement.
—	Sable calciné..........	22
—	Sable chaulé	22
—	Sable et humus........	22
—	Sable chaulé et humus.	31

d'où il conclut que la réunion seule du calcaire et de l'humus a donné un accroissement de récolte (31 contre 22), accroissement dû à ce que l'humus a « favorisé la dissolution du carbonate de chaux. » Car si « on remplace le carbonate de chaux et « l'humus par du sulfate de chaux, ou mieux en- « core par du nitrate de chaux qui est beaucoup « plus soluble, » on voit reparaître le rendement de 31.

Malgré l'assurance qu'affiche M. Ville au sujet du résultat de ses expériences *irrécusables*, nous nous permettrons de faire une observation qui, croyons-nous, ne manque pas d'importance.

M. Ville nous dit bien qu'il a fait entrer de l'humus dans la composition des engrais employés dans les expériences que nous venons de citer; mais il ne nous donne nulle part des détails propres à nous édifier sur la nature et la quantité de l'humus employé, ce qui est cependant d'une importance extrême; car, suivant Soubeiran, *l'humus, le terreau charbonneux et le pourri* sont les trois termes que l'on a cru reconnaître dans cette décomposition successive du ligneux; or, la composition et les propriétés de ces trois corps ne sont pas les mêmes. Il a appelé *humus* la partie du terreau soluble dans les alcalis. De plus, Soubeiran ayant constaté que l'humus dont il s'est servi donnait 7,16 pour 100 de cendres dont il n'a pas fourni l'analyse, il serait utile, pour discuter les résultats des expériences de M. Ville, de connaître la composition minérale de l'humus employé par lui, et qui doit nécessairement varier avec les végétaux qui ont fourni cet humus; mais M. Ville n'a rien fait de tout cela, bien que ce fût son devoir.

La question n'est pas de savoir uniquement si l'humus intervient d'une façon plus ou moins immédiate, comme aliment des plantes, ou comme complément nécessaire de la constitution du sol arable. Il y a donc là deux points de vue, et M. Ville n'en a abordé qu'un. Non-seulement il n'a pas prouvé l'inutilité de l'humus et du terreau en tant qu'aliment végétal pour les récoltes, mais encore il n'a pas prouvé davantage que la présence de l'humus et du terreau dans le sol n'ajoutaient absolument rien à la fécondité de ce dernier.

Avant d'aller plus loin, et puisque nous sommes ici dans le vif de la question, en ce qui concerne l'humus, nous devons opposer à M. Ville les très-judicieuses objections que voici et que nous empruntons à un excellent travail de M. Carbouères fils, ancien élève de l'École centrale, professeur de chimie à Saint-Pierre (Martinique), contestant comme nous la valeur des travaux et des idées de M. Ville. Contrairement à ce qu'ont fait tous ses devanciers, M. Ville n'a pas indiqué l'espèce d'humus sur lequel il a opéré, et c'est là un point très-important, comme on va voir : l'humus des terres arables et l'humus des laboratoires sont des produits différents ; le premier est toujours associé au terreau, qui a lui-même une influence considérable sur le mode d'action de l'humus ; celui-là est essentiellement agricole, tandis que l'autre ne l'est pas du tout. L'humus des laboratoires ne contient pas un atome de terreau ; donc il n'est pas du tout dans les conditions de l'humus agricole proprement dit, et c'est là bien certainement la raison pour laquelle Soubeiran l'a écarté. C'est un simple produit de collection, mais qui ne saurait se comporter, au contact du sol, comme l'humus des cultures. Donc les conclusions que M. Ville prétend tirer de l'action de ce corps sont sans valeur aucune au point de vue de la pratique agricole. L'expérience a été mal faite, et elle n'a pu donner des résultats contraires à ceux constatés par Th. de Saussure et par Soubeiran, que parce que M. Ville a mal opéré en se plaçant dans des conditions qui sont en dehors du fait expérimental qu'il s'agissait de vérifier. La faute est d'autant plus grande que l'humus et le terreau sont *toujours* associés dans les terrains agricoles, et que tous deux se prêtent un mutuel appui. L'humus n'est jamais seul dans le fumier de ferme, il est toujours associé au terreau, dont il forme partie intégrante. Pourquoi donc M. Ville les a-t-il séparés? Pourquoi n'en a-t-il fait agir qu'un seul? Pourquoi a-t-il exclu l'autre? C'est son secret. Ce fait est patent est la question et jugée : c'est l'un et l'autre de ces corps qu'il aurait dû faire agir ensemble pour se placer dans les conditions de la culture proprement dite. Donc, enfin, M. Ville n'a pas du tout prouvé sa thèse.

En ce qui concerne l'humus sur lequel a expérimenté Soubeiran, voici comment il s'exprime : « J'ai fait mes premières expériences sur un terreau qui m'a été remis par M. Neuman, jardinier en chef du Jardin des Plantes. C'était un de ces *terreaux de troisième année, usés, dont les maraîchers ne veulent plus parce qu'ils manquent de chaleur*, mais dans lesquels il se fait encore une végétation vigoureuse. »

A la bonne heure ! ici il n'y a pas d'équivoque, on sait que c'est bien de l'humus agricole associé au terreau. M. Ville n'a pas même l'excuse de n'avoir pas pensé à cette nécessité, car le travail de Soubeiran date de plus de quinze ans ; c'était donc un modèle tout fait.

* * *

En dehors de ces expériences de laboratoire, que reste-t-il en faveur de la doctrine et de la prétention de faire indéfiniment de la culture normale et productive avec des produits chimiques seuls? M. Ville cite bien souvent les champs de la ferme de Vincennes, sur lesquels il obtient, dit-il, depuis plusieurs années, de splendides récoltes sans avoir jamais apporté au sol la moindre quantité d'humus.

Au fond, il n'y a là qu'un jeu de mots, et c'est M. Ville lui-même qui nous en fournit la preuve : « La terre de Vincennes, examinée de la même manière, se montre *riche en humus.* » Il est bien clair que M. Ville a pu se dispenser de fournir de l'humus à un sol qui en était déjà richement pourvu ; mais alors il n'est pas exact de dire que l'humus n'a contribué pour aucune part dans les résultats obtenus, et que son concours est inutile. Donc, pas plus de preuve ici que dans les expériences du laboratoire.

Une autre question se présente ici. La matière végétale, telle qu'on l'a employée jusqu'à présent pour fumer les terres sous forme de fumier et de composts, y compris aussi les résidus des récoltes et les récoltes vertes enfouies, peut-elle être remplacée avec avantage et exclusivement par les engrais dits *chimiques*, c'est-à-dire par le phosphate de chaux, le nitrate de potasse, le nitrate de soude, le sulfate d'ammoniaque et le sulfate de chaux, et cela à toujours et sans épuiser la terre cultivée? C'est précisément là ce que M. Ville aurait dû prouver, et il ne l'a pas fait.

Dans ces termes, on sait bien, mathématiquement, ce que le système Ville emploie; mais il n'en est pas tout à fait de même en qui concerne la matière végétale des fumiers dont on se sert habituellement, qui met plusieurs années à se décomposer en passant successivement par des états encore mal définis, mais qui vaut mieux, dans tous les cas, que le terreau de troisième année dont Soubeiran a expérimenté l'efficacité et dont il rend compte de la manière suivante :

« J'ai enlevé de terre, avec précaution, un fort pied de lampsane (*Lampsana communis*), j'ai lavé les racines avec de l'eau et je les ai tenues plongées dans une dissolution très-étendue d'humate d'ammoniaque, dépouillée de tout excès d'alcali par une longue exposition à l'air. La liqueur et les racines étaient préservées de la lumière. Pendant huit jours que j'ai fait durer l'expérience, la plante a prospéré. Chaque jour je mettais les racines dans une solution nouvelle ; chaque jour je ramenais la liqueur qui avait servi la veille à son volume primitif, en remplaçant par de l'eau distillée la portion que la plante avait absorbée. La nuance affaiblie de la liqueur témoignait suffisamment qu'une partie de l'humate d'ammoniaque avait été absorbée.

« En 1848, dans de la terre dépouillée par le feu de toute matière organique, mais à laquelle j'avais ajouté un peu de phosphate des os et de sulfate de chaux, j'ai semé de l'avoine et des haricots. Quand les plantes eurent levé, je les ai arrosées chaque jour avec une faible dissolution d'humate d'ammoniaque très-nette. La végétation s'est bien faite et j'ai obtenu des deux côtés une bonne récolte de fleurs et de fruits. »

On voit donc que, d'après les expériences de Soubeiran, une solution d'humus associé à l'ammoniaque, comme dans le fumier de ferme, est très-certainement absorbée par les racines des plantes et les fait prospérer.

Si cependant M. Ville ne veut pas se rendre au témoignage des expériences que nous venons de citer, nous allons lui opposer, sur la faculté qu'ont les racines d'absorber le carbone existant dans le milieu dans lequel elles vivent, une preuve que nous croyons décisive et sans réplique, soit par la manière dont l'expérience a été conçue, soit par l'autorité de celui qui l'a conduite et citée. Voici ce qu'on peut lire pages 480 et 481 du premier volume du *Cours d'agriculture* du comte de Gasparin, 3e édition :

« Nous avons pris deux caisses : nous avons rempli l'une de sable siliceux, après l'avoir calciné pour détruire toutes les substances organiques qu'il pouvait encore renfermer; la seconde a été remplie de terreau; nous avons semé six grains de pois dans chacune d'elles : on a arrosé avec la même eau. Les plantes ont été faibles dans les deux caisses, mais beaucoup plus dans celle qui ne renfermait que de la silice; quand les plantes ont été en fleurs, nous les avons arrachées, desséchées, et nous avons soumis successivement à trois analyses deux grammes de la matière sèche pulvérisée de chaque caisse : la moyenne des trois opérations a donné, pour les plantes cultivées dans la silice, 0,46 du poids en carbone; dans celles cultivées dans le terreau, 0,57. La végétation ayant eu lieu dans la même atmosphère, la nutrition par les racines a seule pu donner une si grande différence de carbone aux plantes cultivées dans le terreau et à celles cultivées dans la silice. »

Il est peut-être regrettable que cette intéressante expérience n'ait pas été poussée plus loin, c'est-à-dire jusqu'à la fructification complète, au lieu d'avoir été arrêtée à la floraison; car il n'est pas douteux que l'analyse eût permis de constater, dans la récolte totale, une quantité de carbone infiniment plus considérable, bien qu'elle soit parfaitement accusée ici et qu'elle donne bien la mesure de l'influence de l'humus et du terreau sur la végétation.

Nous pensons donc qu'en présence de faits si bien constatés on admettra l'absorption du carbone par les racines, et par suite l'utilité incontestable de l'humus; que si, après avoir parcouru avec succès, croyons-nous, le domaine des considérations purement chimiques, et nous appuyant maintenant sur la pratique et la conviction séculaires des agriculteurs les plus éclairés, nous voulons envisager la nécessité d'entretenir dans le sol une forte proportion d'humus, nous n'aurons que l'embarras du choix des autorités à produire. Nous nous bornerons, quant à présent, à la citation suivante, extraite d'un ouvrage relativement récent, où est résumée l'opinion générale sur ce sujet. Voici donc ce qu'on peut lire page 142 et suivantes du deuxième volume du *Traité des entreprises de grande culture*, par M. Lecouteux, 2ᵉ édition, 1861 :

« Quoi qu'il en soit de la composition des fumiers au point de vue de l'azote et des matières minérales, il n'en est pas moins certain que les fumiers, à raison de l'abondance de leur matière carbonée, doivent être considérés, parmi les divers engrais, comme les constituants essentiels de l'*humus* et du *terreau* que l'agriculture a mission d'entretenir, d'augmenter, et au besoin de créer dans le sol. A ce titre donc il est incontestable que les fumiers de ferme ont à jouer un rôle de premier ordre durant la période d'amélioration où il s'agit précisément de constituer la matière organique de la couche arable. Appliqués exclusivement à une terre pauvre d'humus, les engrais concentrés et azotés, par exemple, pourraient à la rigueur, et dans une année qui ne serait ni trop sèche, ni trop humide, donner une récolte abondante ; mais ce serait en quelque sorte le *coup de grâce*, le dernier et suprême effort de la terre. Tout ce qu'elle avait de matière organique aurait été rendu soluble et assimilable par l'action même des engrais azotés, et si, par la prompte application de fumiers ou d'engrais végétaux, on ne remplaçait pas le terreau ainsi enlevé au sol, celui-ci deviendrait plus pauvre, plus épuisé que jamais. Autant, en pareil cas, l'emploi combiné du fumier comme engrais prédominant et des engrais actifs comme auxiliaires et complémentaires, produit de bons effets, autant l'emploi exclusif des uns ou des autres fait manquer le but de toute culture améliorante : la constitution de l'humus allié, dans une certaine mesure, à des matières fertilisantes plus actives.

« Lorsque, au contraire, la terre progresse en fertilité dûment établie, parce que cette fertilité consiste surtout en *humus* ou *terreau doux*, le fumier et les engrais très-actifs, très-azotés, demandent à être employés dans des proportions toutes différentes. En cet état de choses, la richesse organique du sol est foncièrement assurée ; les matières carbonées abondent, une culture active est installée et réclame des engrais à rapide décomposition ; les plantes granifères à composition azotée et phosphatée prennent de l'importance, la terre est pourvue de principes calcaires qui activent l'élaboration générale des engrais ; le moment est donc venu où le fumier peut et doit s'appliquer en doses moins considérables, car, il faut le reconnaître, le fumier est un *engrais encombrant* qui, pour importer dans le sol une certaine quantité de matières azotées, impose une fumure à grand volume, si bien que, par exemple, il ne faudrait pas moins de 3,500 kilogrammes ou cinq mètres cubes de fumier dosant 0,40 p. 100 d'azote pour procurer au sol 14 kilogrammes de cette substance azotée que l'on pourrait trouver dans un quintal métrique ou un neuvième de mètre cube de guano du Pérou de qualité supérieure. Et encore est-il certain que l'azote du guano, d'ailleurs allié à une forte dose de phosphate, agirait plus activement que celui du fumier. En tout cas, et pour résumer la question, il est démontré qu'au delà d'une certaine limite de fertilité, l'abondance de la matière organique du fumier devient un inconvénient, attendu que, par son trop grand volume, le fumier est difficile à bien enterrer, à bien incorporer au sol, et que par conséquent il se trouve exposé à se décomposer à l'air libre et en pure perte pour la végétation. Ici donc encore c'est par un bon équilibre entre le fumier de ferme et les engrais riches et concentrés que se résout le mieux le

problème de l'alimentation végétale, mais avec cette
différence entre les terres pauvres et les terres fertiles, que chez les premières le fumier doit être très-
prédominant, puisqu'il est une matière à terreau,
tandis que dans les terres fertiles cette prédominance doit être moins prononcée, puisque la terre,
presque saturée de matières carbonées, ne peut alimenter des récoltes très-épuisantes qu'à la condition
de leur offrir des engrais très-actifs, très-azotés. »

Nous n'avons pas craint de donner *in extenso* l'opinion de M. Lecouteux sur cette matière, parce que,
suivant nous, elle établit très-clairement la nécessité
de l'humus, en indiquant nettement les circonstances
où, suivant son insuffisance ou son abondance dans
le sol arable, il est dangereux ou avantageux de lui
adjoindre des engrais très-énergiques.

M. Ville résiste-t-il encore? Eh bien, nous lui opposerons une autorité devant laquelle tout doit s'in-
cliner : M. Ville lui-même !

Car nous croyons ne pas nous tromper en affirmant qu'on peut tirer de ses expériences des conclusions favorables à la cause de l'humus. Qu'on examine, en effet, la figure que présente la page 46;
c'est la représentation d'un blé produit dans un pot
rempli de *sable calciné* avec de l'*engrais complet*. Si
nous ne nous trompons, une échelle verticale tracée
de décimètre en décimètre indique que ce blé a
atteint une hauteur de 90 centimètres. Au même
feuillet est attachée une planche représentant les

gerbes récoltées sur les champs d'expériences de Vincennes. La gerbe représentant le blé obtenu *en pleine terre avec engrais complet* atteint 130 centimètres de hauteur, d'où résulte un avantage de 40 centimètres en faveur de la récolte prise en terre, comparée à celle obtenue dans du sable calciné, mais toutes deux avec le concours du même engrais dit *complet ;* d'où peut donc venir cet excès d'accroissement, puisque l'engrais est le même des deux côtés? Si nous comptons bien, cela fait 40 pour 100 au profit de la terre, c'est-à-dire au profit de l'humus; c'est M. Ville qui le constate sans s'en douter.

Malgré l'évidence de tous ces faits, un professeur de La Saulsaie n'a pas craint d'écrire ceci : « Il n'est plus question d'humus, et là-dessus *les preuves à l'appui* de venir aussitôt donner raison aux affirmations de M. Ville. » Et voilà comme on écrit l'histoire. Heureusement l'école de La Saulsaie n'est pas ici en cause et ne saurait être responsable des appréciations aussi personnelles qu'erronées de l'un de ses professeurs. Cela doit être dit.

*
* *

Nous ferons remarquer, en ce qui concerne les expériences de Vincennes, que M. Ville a produit l'analyse chimique du sol dans les termes suivants : « D'après une analyse que j'ai faite avec le plus grand

soin de cette terre dans les quatre millions de kilogrammes qui représentent à peu près la couche végétale répartie à la surface d'un hectare, il y a :

<pre>
Acide phosphorique..........   1,797 kil.
Potasse.....................   2,301
Chaux.......................   39,365
</pre>

ce qui constitue un fonds considérable de fertilité. »
(Page 56.)

Nous ne comprenons pas que de cette opération
de laboratoire, *faite avec le plus grand soin*, il ne soit
résulté que la connaissance et le dosage de trois minéraux formant ensemble un centième seulement de
cette terre qualifiée *végétale* et dans laquelle on omet
de signaler les matières organiques, les carbonates
calcaires, la silice, l'oxyde de fer, la magnésie, l'alumine, le chlore, le soufre, etc. Si ces corps n'ont
pas été dosés, c'est une négligence bien inexplicable, puisque c'est sur cette terre de Vincennes
qu'on établissait des expériences regardées comme
devant donner des résultats capables d'amener « le
renversement de l'ordre suivi et préconisé jusqu'à
présent. »

Lorsqu'on vise à de si hautes prétentions on ne
saurait prendre trop de précautions, surtout quand
les libéralités d'une haute influence permettent de
faire tous les frais des expériences. Si cependant le
dosage complet des minéraux a été fait, si on a obtenu aussi celui des matières organiques, pourquoi

ne pas en avoir fait part au public, que l'on veut convaincre? Est-ce qu'il y aurait dans cette partie ignorée de l'analyse des terres de Vincennes quelque chiffre qui gênerait les explications des expériences qui y ont été faites, explications qui doivent cadrer bon gré mal gré avec le système préconisé?

Quoi qu'il en soit, non-seulement l'analyse de la terre de Vincennes est incomplète, mais elle est « un exemple frappant des dangers de cette confusion que commet la chimie trop souvent » quand on a la faiblesse de la mettre au service des ambitions personnelles. Il s'agit ici de la distinction à faire entre les éléments *assimilables actifs* et les éléments *assimilables en réserve*, distinction que la chimie est impuissante à faire, à ce que dit M. Ville. Aussi, sur cette terre de Vincennes, « si on cultive du blé pendant quatre ans de suite en employant comme engrais une matière azotée, au terme de la quatrième année le rendement n'est plus que de 5 à 6 hectolitres. Le sol accuse donc une grande pénurie de minéraux. » (Page 56.)

« A Vincennes, dès que la terre ne reçoit pas d'engrais, rien n'y réussit, pas plus les pois que le froment et la betterave, ce qui prouve que la terre est dépourvue tout à la fois d'azote et de minéraux. » (Page 58.) — « La conclusion est évidente. A Vincennes il faut l'engrais complet, toutefois ce qui manque surtout au sol c'est la matière azotée. » (Page 58.)

7.

Comme c'est intelligible tout cela! Voilà pourtant les conclusions pleines de clarté que **M.** Ville tire de l'analyse (incomplète) de la terre de Vincennes et des champs d'expériences qu'il y a établis. La bouteille à l'encre peut seule donner une idée de la limpidité de ces démonstrations quand on veut examiner bien attentivement. Ainsi, « ce qui manque surtout au sol de Vincennes c'est la matière azotée; » puis, à la même page, « en employant comme engrais une matière azotée, le rendement va sans cesse en diminuant. » Quel gâchis! Il faut convenir que c'est un véritable labyrinthe; mais ce n'est pas tout; nous continuons à citer :

« Il suit de là qu'à l'aide de deux petits essais de culture, on peut toujours savoir si la terre contient de la matière azotée et des minéraux. » (Page 58.) Il s'agit de cultures contiguës de pois et de froment ou betteraves.

« Pourriez-vous concevoir un mode d'expérimentation qui soit à la fois plus simple et plus *concluant pour la pratique ?* »

Puis, cinq lignes plus loin : « Ces indications, quoique fort utiles, *ne suffisent pas cependant aux exigences de la pratique pour agir avec sécurité.* » (Page 58.) Nous pouvons bien le répéter encore : c'est véritablement la doctrine des incohérences, car il n'est guère possible d'accumuler plus de contradictions. Bien certainement les partisans de la doctrine n'ont pas vu tout cela. De même qu'il est impossible de juger une œuvre musicale à une première audition, il est également impossible de juger de la valeur d'une doctrine sans une étude attentive et sans entrer dans les plus petits détails.

Voilà cependant où conduit la manie prétentieuse de débiter à chaque instant des sentences, au risque de dire et de contredire. Comment veut-on qu'en présence de pareilles obscurités on prenne au sérieux la doctrine des engrais chimiques, s'appuyant sur des expériences de laboratoire qui n'ont rien prouvé de ce qu'on voulait leur faire dire, ou sur celles faites à Vincennes, dans un terrain dont l'analyse est incomplète, expériences qui, comme nous l'avons expliqué ci-dessus, ont prouvé l'efficacité de l'humus à l'insu même de M. Ville qui les a produites? En ce qui concerne les champs d'expériences, nous ferons remarquer de plus qu'on a constaté que généralement les lisières des champs sont plus productives que leur intérieur. Les petites surfaces ayant toujours plus de lisières que les grandes, proportion gardée, on commet une erreur inévitable en appliquant à un hectare, par exemple, le rendement obtenu sur un are. Un carré d'un are a 40 mètres de pourtour, et un carré d'un hectare (cent fois plus grand) n'en a que 400, c'est-à-dire qu'à une surface cent fois plus grande correspond un pourtour décuple seulement. A cette cause d'inégalité viennent encore s'en ajouter beaucoup d'autres, résultant des soins particuliers que reçoivent les champs d'expériences pour la préparation du terrain, le choix des semences, les binages, sarclages, arrosages, ramassage des récoltes, etc.

M. Ville ne se borne pas cette fois à produire ses expériences de Vincennes, il se prévaut des résultats obtenus en grand dans plusieurs exploitations agricoles, au moyen des engrais chimiques. Nous ne venons pas contester les chiffres fournis par les correspondants de M. Ville, mais nous ne pouvons nous empêcher de rappeler ici qu'il n'est pas un engrais commercial, depuis l'engrais Bickès jusqu'à l'engrais Boutin, qui n'ait obtenu des certificats constatant des succès merveilleux. On sait ce qu'ils sont devenus.

Tout cela, d'ailleurs, n'a rien d'extraordinaire, et ne touche au merveilleux que par les apparences; car les produits sérieux de l'industrie donnent encore des résultats plus économiques. Pour ne citer que des faits desquels il est facile de vérifier l'exactitude, c'est ainsi qu'au moment même où nous écrivons ces lignes, nous recevons de M. Bouvier, agriculteur à Vitré, les constatations que voici :

« J'ai employé votre engrais type au printemps dernier sur des blés souffrants que j'avais presque l'intention de détruire; j'ai obtenu 35 hectolitres à l'hectare; c'est fabuleux pour notre pays. J'ai obtenu également, comme avoine, des résultats magnifiques : une moyenne, sur 10 hectares, de 70 hectolitres à l'hectare. Les carottes, fumées de la même façon et cultivées également en terres schisteuses, annoncent des résultats qui devront être exceptionnels. »

M. Ch. Demersey a constaté, dans Indre-et-Loire, des résultats semblables : « Six hectolitres de blé d'augmentation par hectare, avec 200 kilogrammes coûtant 60 francs d'achat. »

Il nous serait très-facile de multiplier des citations de cette nature, mais nous ne devons pas en abuser; espérons même que l'on voudra bien comprendre que nous n'avons pas d'autre moyen de prouver, puisque M. Ville a toujours refusé de mettre ses produits en comparaison avec ceux de l'industrie. Il paraît qu'il n'avait pas tort.

Les expériences faites en grand au moyen des engrais chimiques, se partagent naturellement en deux classes : celles faites sur des terres depuis longtemps en culture et celles faites sur des friches.

*
* *

En ce qui concerne les premières, il y a pour les apprécier un fait des plus importants et des plus difficiles à constater, l'état du sol avant et après la récolte. Le danger c'est qu'il se soit appauvri; mais comment le savoir? par l'amoindrissement des récoltes? Mais les relevés de la comptabilité de la ferme de Masny, où les fumures sont cependant si opulentes, prouvent qu'elles ont varié pendant onze ans, suivant l'intempérie des saisons, du simple au double pour les céréales, d'un peu plus pour les betteraves, et de près du simple au triple pour les fourrages.

Si les intempéries peuvent produire de pareilles oscillations dans le chiffre de récoltes obtenues au moyen d'un fumier abondant et de première qualité, que sera-ce donc quand elles séviront sur une végétation pour laquelle une humidité convenable est nécessaire, mais qui ne pourra compter pour l'obtenir que sur celle que la Providence voudra bien lui envoyer? Que si, au lieu de manquer, l'eau atmosphérique devient surabondante, surtout dès le début, on le demande, et pour peu que le terrain soit en pente, que deviendront les engrais chimiques? Ils s'en iront à vau-l'eau et la récolte aussi.

En un mot, si avec une excellente culture, employant un bon et abondant fumier, les intempéries ont tant de prise sur la nature et l'abondance des récoltes, qu'adviendra-t-il lorsqu'elles agiront sur des champs effrités, ne recevant à perpétuité et avec une uniformité désespérante qu'un mélange poudreux de quelques quintaux de sels par hectare?

Ce n'est pas tout. M. Ville a débuté par nous dire que la végétation emploie dix minéraux sur lesquels trois seulement doivent être restitués au sol, dans lequel les sept autres sont toujours en quantité surabondante. Mais en supposant que cette surabondance existe réellement, qui nous dit que ces sept corps supplémentaires seront tous dans un état *assimilable* actif, pour employer les termes dont s'est servi M. Ville? Où est la preuve que les agents employés par M. Ville agiront, sur les éléments inactifs du sol, comme le fait le fumier de ferme? Notre sollicitude sur ce point est d'autant plus éveillée, que M. Ville a déclaré lui-même que la chimie est impuissante à discerner cet état particulier des aliments des végétaux qui les rend inertes ou actifs, quoique leur composition intime reste identique.

Rappelons donc ce qui est arrivé à Vincennes.

M. Ville fait, dit-il, l'analyse du sol avec le plus grand soin, et il déclare, à la suite de cet examen. que l'acide phosphorique, la potasse et la chaux qu'il y a trouvés « *constituent un grand fond de fertilité* » (page 56). Fertilité, remarquons-le bien, qui sera due aux trois minéraux que nous venons de nommer, seuls corps que M. Ville ait constatés dans ce sol.

Mais voilà qu'au bout de quatre ans d'une culture consécutive de blé, M. Ville fait une découverte toute contraire. « *Le sol accuse donc une grande pénurie de minéraux* » (malgré une analyse faite *avec le plus grand soin*, et constatant 43,463 kilogrammes de chaux, potasse et acide phosphorique par hectare); et pour expliquer ces déclarations contradictoires, M. Ville se borne à dire que ces trois corps sont... dans un état inerte.

C'est tout simplement admirable! Décidément les amateurs de prodiges sont très-accommodants.

Mais si les sept autres corps que M. Ville affirme être toujours en surabondance dans le sol viennent aussi à faire relâche, que deviendra dans ce cas la production végétale?

Nous comprenons très-bien qu'il y a, pour certaines matières azotées, des états qui les rendent impropres à l'assimilation, ainsi qu'il en est pour l'azote de la houille, ou pour les corps qui sont d'une décomposition plus lente, telles que le cuir et la laine; de même pour l'acide phosphorique de l'apatite, etc.; mais il nous semble que si M. Ville eût cherché et réussi à trouver un moyen de vaincre, en dehors de la culture, l'état d'inertie de ces corps, et un procédé pour les faire passer à l'état assimilable actif, il eût rendu à l'agriculture un véritable service. Mais M. Ville paraît avoir d'autres préoccupations, puisqu'il conclut à une banque des engrais au capital de 100 millions à fournir par l'État. C'est ainsi, pour ne citer que des exemples utiles, que l'on a trouvé le moyen de rendre assimilable l'azote de la houille, en recueillant l'ammoniaque en même temps que le gaz d'éclairage provenant de la distillation sèche; de même nous sommes parvenu à rendre plus assimilable l'azote des cornes, des crins, des plumes et des chiffons de laine, en soumettant tous ces corps à la triple influence de la pression, de la température et de la vapeur d'eau.

Mais, indépendamment de l'état particulier de combinaison dans lequel certains corps se trouvent, et qui leur ôte la propriété d'être assimilables, n'y a-t-il pas aussi un phénomène par suite duquel la terre retient à l'état latent une partie des éléments qui concourent à l'alimentation végétale? Ce phénomène, qui a été indiqué par Thaër, et dont l'étude a été reprise et développée par le comte de Gasparin, donne la clef de beaucoup d'anomalies apparentes qu'on rencontre quand on étudie ce qui se passe dans la nutrition des végétaux. Ce phénomène a son analogue dans la nutrition des animaux : il est bien constaté que la ration de nourriture d'un animal se compose d'une partie qu'on appelle ration d'entretien, destinée à le maintenir en vie sans accroissement ni décroissement, puis d'une autre partie qu'on appelle ration de production, destinée à produire du travail, de la viande, du laitage, etc. Eh bien, cette notion de la décomposition de l'alimentation végétale en ration d'entretien et ration de production n'a pas l'air d'être même soupçonnée par M. Ville, qui aurait dû en parler soit pour l'admettre, soit pour la modifier, soit enfin pour la condamner; car ce phénomène joue un rôle important dans l'alimentation du bétail, si étroitement liée à la production des engrais de ferme. Pour en donner une idée, nous transcrivons ici les lignes suivantes :

« En partant de la base admise par Thaër et confirmée par des faits agricoles très-nombreux, nous admettons qu'une récolte de blé enlève au sol les 0,40 de sa fertilité acquise; nous aurons ce degré de fertilité, cette *vieille graisse* du sol qu'il faudra ajouter à celle apportée par l'engrais pour avoir l'azote total de la récolte. » (Gasparin, *Cours d'agriculture*, Ier volume, page 510.)

La portion de l'ancienne fertilité enlevée par la récolte est appelée *aliquote* par le comte de Gasparin. Pour connaître l'ancienne fertilité d'une terre, il faut lui faire porter une récolte de blé sans engrais : l'azote de cette récolte représente les $\frac{40}{100}$ de la fertilité totale. Chaque plante a une aliquote particulière.

En revenant aux expériences faites en grand, pour comparer les récoltes obtenues à l'aide du fumier, à celles qu'on a retirées de l'emploi des engrais chimiques, nous ferons observer que les conditions de l'emploi de ces deux espèces de fumure ne sont pas comparables. Le fumier frais se décompose lentement et ne convient pas surtout à la sole de froment par laquelle M. Ville commence sa rotation. Pas un praticien ne nous contestera que c'est surtout après une première récolte de racines fourragères que le fumier de ferme agit réellement avec efficacité. C'est un fait d'observation qui tire son explication de ce que le froment se comporte mal dans la terre qui n'est pas suffisamment *rassise*, comme on dit, et elle ne peut l'être quand, après avoir enfoui le fumier, on se borne à y répandre la semence : que l'on défriche un pré, une luzernière, dans les meilleures conditions de fertilité qu'on voudra, et qu'on y sème ensuite du blé, sans autre préparation, et l'on n'aura qu'une récolte médiocre, si elle n'est mauvaise. On peut, il est vrai, modifier ce mauvais résultat, si toutefois le sous-sol le permet, en enfouissant par un labour profond des détritus végétaux, puis en divisant et comprimant en même temps le sol au moyen du rouleau Croskill. Cette méthode d'enfouissement peut être appliquée avec avantage au fumier pour conjurer les inconvénients d'une fumure fraîche, et c'est un des arguments que mettent en avant les partisans des labours profonds en faveur de cette pratique, pour l'emploi de laquelle M. Vallerand a imaginé sa charrue attelée de douze bœufs. Ainsi donc, il est parfaitement établi que les conditions physiques d'un sol récemment fumé s'opposent à la réussite du froment. Les conditions chimiques ne sont pas plus favorables : la décomposition du fumier est lente, puisqu'il doit presque toujours servir à trois ou quatre récoltes successives; or, les premières phases en sont surtout favorables à la production foliacée en raison des éléments immédiatement assimilables des fumiers, et notamment des sels ammoniacaux, ainsi que de l'abondance de l'acide carbonique développé, abondance qui a été signalée par MM. Boussingault et Lewis, ainsi que nous l'avons déjà dit, en comparant la quantité d'acide carbonique confiné dans une terre récemment fumée, quantité onze fois plus forte que celle que l'on trouve dans une terre fumée depuis un an. Cette prédominance de l'acide carbonique au début d'une fumure fraîche, vient aussi expliquer parfaitement la préférence que lui donnent les maraîchers, pour lesquels la production de l'acide carbonique est doublement utile; car cette production, étant le résultat d'une combustion lente, développe dans les couches et *réchauds* employés par eux la chaleur qui leur sert à obtenir des primeurs, et du même coup l'acide carbonique qui, transformé en carbone par les organes de la végétation, favorise tout particulièrement leur développement et leur pouvoir d'absorption pour les autres aliments.

Enfin M. Ville termine son troisième entretien par cette phrase, comme on en trouve à chaque page de ses écrits : « Nous sommes arrivé à concevoir et à réaliser des procédés pratiques d'analyse accessibles à tous. » Qui ne croirait, à cette lecture, que notre auteur est l'inventeur du procédé d'investigation qu'il a appelé les champs d'expériences? Nous allons mettre le lecteur à même de décider.

Voici ce qu'on lit à la page 481 du premier volume du *Cours d'agriculture* du comte de Gasparin : « Dans toutes les expériences que l'on a faites pour rechercher les aliments nécessaires de la végétation, et qui avaient pour but de les faire agir un à un en éliminant successivement tous les autres, il est un élément qui est toujours resté en présence du végétal soumis à l'observation, c'est l'azote. » Voilà qui prouve qu'alors que le comte de Gasparin écrivait cela, c'est-à-dire vers 1840, il constatait, en historien fidèle, qu'il y avait eu de nombreuses expériences faites pour arriver à connaître un à un les aliments nécessaires à la végétation. De là aux champs d'expériences il n'y avait qu'un pas, mais ce n'est pas M. Ville qui l'a fait. En effet, en 1856, M. Bobierre, dans son excellent livre intitulé : *le Noir animal*, s'exprimant tout simplement, sans emphase et sans la moindre prétention à une découverte, disait, à propos de la faculté condensatrice des végétaux : « Ces faits peuvent être mis à profit comme moyen analytique d'une grande simplicité. »

Qu'on juge, après ces citations, du mérite de l'invention de M. Ville et de ses droits à la priorité.

*
* *

Nous avons trouvé de si jolies choses dans cette troisième conférence de M. Ville, que nous ne pouvons résister au désir d'en faire profiter le lecteur, et d'offrir aussi à l'auteur lui-même notre très-humble, mais bien légitime tribut d'admiration. Il suffit de lire. Tout cela est dans le même volume :

« On a prétendu que le fumier était l'agent par excellence de la fertilité. Nous soutenons qu'en cela on a eu tort... Pour nous, ces prétendus axiomes sont de véritables hérésies. » (Page 10.)

Les hérétiques de l'agriculture n'ont donc qu'à se le tenir pour bien dit, puisque telle est l'opinion de M. Ville ; mais ce n'est pas fini :

« L'humus ne remplit que des fonctions PUREMENT PASSIVES, et les agriculteurs ont eu tort de lui attribuer jusqu'ici un rôle de premier ordre. » (Pages 47 et 51.)

Voilà qui est net ; eh bien, lisez en regard :

« Le premier des *bons effets de l'humus* tient à la propriété qu'il possède, comme l'argile, d'absorber beaucoup d'eau et de contribuer à entretenir l'humidité du sol. L'humus possède *une propriété plus utile;* il est apte à fixer dans le sol l'ammoniaque, qu'il soustrait ainsi à l'entraînement des eaux pluviales, et qu'il cède plus tard à la végétation. *Jusque-là, rien de bien saillant* (textuel) ; mais voici où l'importance de ces fonctions commence. L'humus absorbe l'oxygène de l'air et subit, à la suite de cette absorption, une combustion lente, inapparente, mais réelle. Il devient ainsi, pour le sol, la source d'une formation lente, mais non interrompue, d'acide carbonique, moins utile par le carbone qu'elle fournit à la végétation que par l'action dissolvante qu'elle exerce à l'égard de certains minéraux, et notamment des phosphates et des calcaires » (page 52).

Il faut avouer que les gens qui ne trouvent pas cela aussi superbe que concluant ont l'esprit bien mal fait, ou qu'ils sont bien difficiles.

Essayez de concevoir « *des fonctions purement passives* » qui ont cependant « *des propriétés utiles et de bons effets.* »

Quelle triste opinion il faut avoir du public agricole pour avoir la prétention de lui faire accepter de pareilles choses!

Imaginez, si vous le pouvez, un corps qui n'a pas d'utilité agricole, puisque ses fonctions sont purement passives, mais qui a néanmoins le pouvoir d'agir comme absorbant de l'eau nécessaire à la végétation, et la propriété *plus utile* de fixer l'ammoniaque, d'éviter les déperditions de ce corps, soit par évaporation, soit par l'entrainement des eaux pluviales, et qui peut en outre emmagasiner cette ammoniaque pour la distribuer plus tard à la plante, c'est-à-dire à mesure de ses besoins, sans parler de son action dissolvante sur les phosphates et sur le calcaire du sol?

O galimatias des galimatias! Il faut bien que nous constations aussi, dans l'intérêt du public, qu'il y a des éditeurs qui ne sont pas difficiles; car enfin c'est pitoyable tout cela. On ne trouverait certainement rien de pareil dans tout ce qui a été écrit sur l'agriculture, même en remontant aux premiers temps de l'agrologie, époque à laquelle, il est vrai, nos ancêtres n'étaient pas encore éclairés par les lumières d'un professeur aussi éminent et d'un logicien aussi distingué que M. Ville. Au moins, la chaire de physique végétale du Muséum aura servi à quelque chose.

C'est pourtant avec toutes ces incohérences que nous avons été menacés « d'une révolution agri-

cole ! » Le temps n'y révélera que l'humiliante défaite d'une ridicule échauffourée.

* * *

Qu'il y a loin de tout cela aux travaux désintéressés de nos maîtres et aux savantes recherches qui
ont illustré la vie de tant d'hommes de talent !

Quel triste rapprochement à faire entre les travaux
de M. Ville et ceux élaborés chaque jour, au profit
de l'héritage commun, par cette jeune et vaillante
génération de chimistes si modeste dans son talent,
si laborieuse, si persévérante et si désintéressée au
milieu de tant d'efforts utiles restant trop souvent
sans profits immédiats !

Si le monde qui a cru M. Ville sur parole pouvait
bien voir et bien comparer, le pseudo-novateur en
serait bien vite pour ses frais de tapage, pour sa
prose hardie mais empâtée et ses promesses exagé-
rées. Mais, patience ! nous n'aurons qu'à attendre.

CHAPITRE VII

QUATRIÈME ENTRETIEN

« Les agronomes et les agriculteurs ont raison
d'apprécier beaucoup les engrais riches en humus. »

(J. GIRARDIN.)

Au début de cet entretien, consacré aux formules
d'engrais chimiques proposées pour sept assolements
auxquels on ajoute la luzerne, la vigne et les prairies,
M. Ville déclare, à propos des fumiers (page 63), que
le carbone, l'hydrogène et l'oxygène qu'ils contiennent n'ajoutent rien à leurs bons effets; or, ces trois
corps représentent de l'eau et de l'humus : nous
croyons avoir épuisé, à propos de l'entretien qui
précède, tout ce qu'il y avait à dire pour expliquer
l'utilité de ces substances; nous n'y reviendrons donc
pas.

Voulant ensuite comparer les engrais chimiques

[8

aux engrais de ferme, on donne l'analyse de trois fumiers, à savoir : ceux de la ferme impériale de Vincennes, de Bechelbronn et de Thiergarten, chez M. Schattenmann.

Après avoir constaté au moyen de ces analyses que « le fumier, *symbole incontesté de la fertilité*, contient les quatre corps qui sont les régulateurs par excellence de la production végétale et les seuls dont l'industrie agricole ait à se préoccuper, » on ajoute plus bas : « Avec notre engrais complet, les rendements l'emportent *toujours* sur ceux que l'on obtient avec le fumier. »

Nous devons faire remarquer cette conclusion inattendue qui consiste à attribuer la supériorité aux engrais chimiques sur le fumier qu'on a commencé par proclamer le symbole de la fertilité.

Convenez cependant, Monsieur Ville, que vous devez une grande reconnaissance au fumier, dans lequel vous avez enfin trouvé les quatre régulateurs par excellence de la production végétale, régulateurs que vous n'avez pas inventés, à coup sûr. Nous ne comprenons pas d'ailleurs que, si votre conviction est sincère à l'endroit de votre système, vous n'ayez tout d'abord et depuis longtemps conseillé de débarrasser ce bon vieux fumier de tous les oripeaux qui ne font que nuire à l'action des quatre grands régulateurs que vous voulez bien reconnaître qu'il renferme : il fallait mettre le feu à nos tas de fumier et répandre leurs cendres sur nos terres. Seulement nous vous prévenons que vous n'auriez pu encore ici garder avec succès la prétention à la priorité de l'invention, car nous avons trouvé, dans une des nombreuses pages qu'a écrites M. Boussingault, la preuve que l'expérience de la combustion du fumier a été faite et qu'elle n'a pas réussi, comme on devait s'y attendre.

Vous nous dites qu'avec les engrais chimiques les rendements l'emportent *toujours* sur ceux qu'on obtient avec du fumier. Ce *toujours*, croyons-nous, est ici bien mal placé ; car enfin, depuis quand, où et sur quelles exploitations nombreuses et importantes votre système d'engrais chimiques purs est-il expérimenté d'une façon assez concluante pour que vous osiez vous servir du *toujours* ? D'autres réformateurs l'ont prononcé avant vous, ce *toujours*, et l'on a vu à quelles déceptions ils sont arrivés. Nous n'avons pas besoin de répéter ce que nous avons rappelé dès le début sur le sort qu'ont eu le système abusif des engrais minéraux en Angleterre et l'emploi immodéré du guano en Saxe.

*
* *

Il est vrai que pour faire illusion au moyen de cette figure de rhétorique qui consiste à prendre la partie pour le tout, vous vous êtes précautionné d'expérimentateurs placés aux quatre points cardinaux de la

France, comme pour faire croire que votre autorité est reconnue dans tout l'Empire. Puis un autre moyen est mis en œuvre, et nous devons le signaler. Parlez-vous de l'expérience faite par l'honorable M. du Peyrat, directeur de la ferme-école de Beyrie, dans le département des Landes; vous nous dites, page 65 : « Sur une terre de qualité ordinaire on a institué trois cultures de betteraves. La première, sans engrais; la seconde, avec l'engrais complet, et la troisième avec 80,000 kilogrammes de fumier. »

Ici le lecteur se figure toutes les voitures, attelages et charretiers, tout le nombreux bétail qu'une expérience pareille a mis en mouvement pour produire, transporter, répandre et enfouir ces 80,000 kilogrammes de fumier, et il ne peut que bien augurer d'un système à l'essai duquel l'un de nos meilleurs directeurs de ferme-école veut bien consacrer une telle masse de ce fumier dont on n'a jamais de trop.

Ce n'est pas tout : l'engrais chimique complet qui a été employé en comparaison avec le fumier est, comme *toujours*, le vainqueur du tournoi, et ce n'est pas pour une bagatelle, car voici, reproduits dans les termes mêmes de M. Ville, les résultats de l'expérience, page 65 :

Sur la terre sans engrais..................... 8,150 k.
Avec 80,000 kilogr. de fumier il a atteint..... 49,200
Avec l'engrais chimique complet il s'est élevé à 53,000

« L'engrais chimique employé à la dose de 1,700

kilogrammes s'est donc montré supérieur à une fumure de 80,000 kilogrammes de fumier de ferme. »

Sapristi ! se dit le lecteur, M. du Peyrat fait bien
les choses, mais il est un peu téméraire : trois hectares à travailler, 80,000 kilogrammes de fumier et
le reste ; et puis, quelle idée de cultiver un hectare
sans engrais ! car, quant aux deux autres, le résultat
n'est pas mauvais, et, si le fumier a été battu, ce n'est
après tout qu'en apparence ; le fumier n'a pas dit son
dernier mot, puisqu'il en reste encore en terre pour
les années suivantes, et dans tous les cas, ce qu'il en
reste a une plus grande valeur, à coup sûr, que les
3,800 kilogrammes de betteraves dont il a été dépassé. Cependant, en comptant bien, M. du Peyrat
n'aura pas fait une bonne affaire, car les 110,350 kilogrammes de betteraves, sur trois hectares, ne produisent que 36,800 kilogrammes environ par hectare, et tous les cultivateurs du Nord savent bien en
retirer davantage de leurs terres ; mais aussi pourquoi pousser la complaisance pour M. Ville jusqu'à
faire semer un hectare de betteraves sans engrais ?

Rassurez-vous, lecteur ; M. Ville, au rebours de
madame de Sévigné qui, quelquefois, regardait dans
la lunette par le côté qui éloigne et rapetisse, nous
a fait voir les choses par le côté qui grossit, et pour
le coup il s'est servi d'un véritable microscope.
Si M. Ville incline beaucoup pour la culture intensive, d'un autre côté il penche très-fort vers la vérité
extensive ; ça rétablit l'équilibre. Comme nous som-

mes un peu dans la confidence de M. du Peyrat, nous pouvons dire comment les choses se sont réellement passées.

M. du Peyrat, en homme prudent, n'a fait cultiver et ensemencer que des parcelles d'un are, et par suite il s'est borné à essayer du système Ville en employant les sels suivants :

Nitrate de soude................	4^k00
Sulfate d'ammoniaque...........	1^k00
Phosphate acide de chaux........	6^k00
Potasse raffinée	2^k00
Chaux..........................	4^k00
Total........	17^k00

Voilà la vérité vraie : si on eût voulu la faire connaître au public, il fallait dire que les résultats de l'expérience avaient été *ramenés à l'hectare*, c'est-à-dire centuplés. Il va de soi que les 80,000 kilogrammes de fumier se sont réduits à 800 kilogrammes, et qu'on a porté les engrais Ville dans un panier; mais à quoi bon des enflures et des exagérations qui ne peuvent qu'éblouir le public et contribuer à l'égarer? M. Ville a réellement pour lui le grand art des apparences, et cela à chaque instant, forcément, parce que c'est là qu'il est vraiment fort. C'est dans son tempérament.

** **

En revenant aux premières pages du quatrième entretien nous y trouvons, comme toujours, des préceptes qu'un lecteur peu au courant des choses de l'agriculture pourrait, dans les termes où ils sont présentés, prendre pour des découvertes dues à la longue expérience et aux mûres méditations de notre auteur; qu'on en juge plutôt : « Je dis qu'en agriculture le profit tient surtout à la dose des engrais qu'on donne à la terre (page 70). Je soutiens qu'on peut faire du blé à 10 ou 12 francs l'hectolitre, et je le prouve. Si c'est là une *révolution*, c'est du moins une révolution dont personne ne peut contester les bienfaits. » Et là-dessus on s'imagine voir les adeptes se répandant de tous côtés et répétant comme les disciples de certains philosophes de l'antiquité : Le maître l'a dit! « Nous allons poudrer à blanc avec l'engrais chimique et nous aurons le blé à 10 francs l'hectolitre, et par suite le pain à 20 centimes le kilogramme, *le maître l'a dit.* » Un mot, Messieurs. Les engrais chimiques, c'est-à-dire les phosphates, les nitrates, le sulfate d'ammoniaque, etc., vous ne les avez ni découverts ni inventés. Nous l'avons prouvé au début de notre commentaire, et nous tenons à le répéter. La fumure au maximum ! Il y a longtemps, bien longtemps que Bella père, l'un des chefs vénérés de l'agriculture moderne, l'a indiquée dans les *Annales de Grignon* et dans les nombreux articles dont il a enrichi les recueils périodiques d'agriculture.

Voici, de plus, ce qu'on lit dans le deuxième volume de l'*Économie rurale*, de M. Boussingault, page 96, à propos de l'exportation des tourteaux oléagineux hors de France : « Dans mon opinion, toute exportation dont la conséquence est l'appauvrissement du sol, doit être entravée : je m'opposerais à l'exportation de la terre arable. Eh bien, laisser passer à l'étranger un engrais actif, c'est, à mes yeux, exporter la terre végétale de nos champs, c'est diminuer leur fertilité, c'est *provoquer* le renchérissement des subsistances : car il faut autant de travail, autant de soins et de capitaux pour produire peu sur une terre ingrate que pour produire beaucoup sur un terrain fécond ; c'est empêcher le cultivateur de tirer parti de tous les avantages que la nature lui accorde; c'est comme si on refroidissait le climat de la France. » Nous sommes de l'avis de M. Boussingault : pour arriver à la fumure au maximum il est logique de commencer par ne pas laisser échapper les substances fertilisantes que nous produisons chez nous, ou au moins de savoir importer du dehors d'autres richesses de même nature et pouvant contre-balancer largement les exportations et toutes les richesses perdues que les égouts et les cours d'eau charrient incessamment à la mer.

S'agit-il du blé à 10 francs l'hectolitre? Nous répondrons que M. Lecouteux, qui a déjà signalé les suites déplorables de la culture aux engrais chimiques sur un sol dont le tempérament n'est pas suffisamment robuste, a publié plusieurs ouvrages qui sont consacrés, en partie du moins, à développer les préceptes de Bella père, professés à Grignon, et à en enseigner la mise en pratique. Or, M. Ville paraît avoir oublié, s'il l'a jamais su, qu'on lit dans le *Traité de la culture améliorante,* t. Ier, p. 33, un compte de culture duquel il ressort clairement qu'avec une fumure de 12,000 kilogrammes et un rendement à l'hectare de 15 hectolitres, l'hectolitre de froment coûte à l'agriculteur 17 francs 26 centimes, tandis qu'avec une fumure de 20,000 kilogrammes produisant 30 hectolitres, le prix de revient s'abaisse à 12 francs 33 centimes, le fumier étant compté à 8 francs les 1,000 kilogrammes. Ce n'est pas tout; si on se reporte trois pages plus loin, on y lit ce principe : *Dans une culture qui vise au maximum du produit brut en fumant au maximum, le meilleur moyen de diminuer le prix de revient des récoltes, c'est de diminuer le prix de revient des engrais* (page 36); et notez que ceci est extrait d'*une 2ᵉ édition* publiée *il y a dix ans,* en 1857. Vous ne pouvez donc pas, Monsieur Ville, soutenir votre prétention à l'invention. Mais au moins avez-vous résolu le problème de diminuer le prix de revient des engrais? C'est une autre question, et nous allons l'examiner

dans un instant, après avoir présenté au lecteur une
nouvelle assertion qui se lie intimement au sujet que
nous traitons.

* *

On nous dit (page 84) : « Nous avons demandé à la
pratique agricole si les effets obtenus avec les engrais chimiques étaient équivalents à ceux du fumier :
l'expérience a répondu qu'ils étaient supérieurs. »
Voyons donc à consulter de notre côté la pratique
agricole, mais non pas une pratique éphémère,
n'ayant à montrer qu'une année d'exploitation et
des expériences auxquelles on s'efforce de faire dire
ce qu'elles n'ont pas dit du tout, mais une pratique
qui, sans engrais chimiques purs, a su, en utilisant
tous les résidus qui étaient à sa disposition, en élevant et engraissant un nombreux bétail et produisant
ainsi une masse considérable d'excellent fumier, a
su, disons-nous, porter ses terres à un haut degré de
fertilité et donner des produits bruts considérables
et des produits nets largement rémunérateurs, résultats justifiés par une comptabilité régulière et
soumise au contrôle de la publicité : nous voulons
parler de l'exploitation de la ferme de Masny, par
M. Fiévet, qui a été honoré de la prime régionale du
département du Nord en 1863. Cette exploitation a

été l'objet d'un travail des plus intéressants, publié d'abord par M. Barral dans le journal qu'il dirigeait encore en 1864 et 1865, et qu'il a réuni plus tard en un volume. Une vue d'ensemble, publiée par M. Lecouteux dans le numéro du 6 février dernier du *Journal d'agriculture pratique*, à la suite d'une visite qu'il a faite de cette exploitation, n'a fait que confirmer de tous points ce que M. Barral en avait dit. Nous ne pouvons laisser passer cette occasion d'émettre le regret de ce que les travaux des commissions des concours régionaux n'aient pas été livrés à la publicité. Que de monographies intéressantes nous aurions aujourd'hui à étudier, que de bons et excellents résultats obtenus sans engrais chimiques nous aurions à opposer victorieusement aux prétendus novateurs, et que d'enseignements à donner, que de bonnes pratiques, que d'exemples à imiter ! Mais hélas ! M. d'Esterno n'a que trop complétement raison sur bien des points [1]. Nous nous bornons à rappeler sommairement ici qu'à Masny, de 1853 à 1863 inclus (onze années), les rendements des récoltes ont été ainsi qu'il suit [2] :

1. Nous voulons parler ici du récent ouvrage de M. d'Esterno, ayant pour titre : *Des privilégiés de l'ancien régime en France, et des privilégiés du nouveau.* C'est un excellent livre au point de vue des intérêts agricoles, et il ne peut manquer d'occuper la première place dans toutes les bibliothèques rurales. M. d'Esterno est le Spartacus de l'agriculture, et c'est un honneur qui en vaut beaucoup d'autres.

2. Nous avons pris nos chiffres dans l'article de M. Lecouteux du 6 février dernier.

	Maxima.	Minima.	Moyenne sur onze ans.
Froment (hectol.)........	41,09	20,72	32,06
Seigle (hectol.).........	34,88	15,86	25,03
Avoine (hectol.)........	80,94	37,76	60,96
Lin en tiges (kilogr.)....	6,210	5,070	5,640
Lin en graines (hectol.).	10,88	6,10	8,49
Betteraves (kilogr.).....	60,898	37,005	46,379
Prairies artificielles (foin sec au kilogr.)........	9,628	3,874	7,249
Prairies naturelles (foin sec au kilogr.)........	6,755	2,651	4,839
Féveroles (pailles et graines au kilogr.)........	5,609	3,678	4,550
Mélange de seigle et vesces (kilogr.)..........	10,421	3,876	7,171

Nous ne pensons pas que M. Ville puisse nous en garantir autant avec les engrais chimiques purs, même au bout de onze ans, et encore bien moins de la *veille au lendemain*, ainsi qu'il s'en vante (page 70). M. Lecouteux nous a trop bien expliqué et annoncé d'ailleurs le fatal *coup de grâce* pour que nous puissions espérer une longue vie, si nous avions la folie de nous mettre au régime de carême prêché par le pseudo-novateur. Le bétail entretenu à Masny représente plus d'une tête de grand poids à l'hectare. On a donc un abondant fumier qu'on enrichit au moyen de tourteaux, d'écume de défécations, des eaux de sucrerie et de divers engrais commerciaux.

A quel prix revient ce fumier si bien conditionné? A 6 francs les 1,000 kilogrammes. (Nous allons nous expliquer sur ce point.)

« La situation de Masny repose donc sur cette base solide : *Il y a beaucoup de fumier à très-bon marché*. Et ce résultat n'est pas obtenu par un artifice de comptabilité tendant à créer fictivement le bas prix du fumier. Toutes pertes soldées sur les cultures fourragères, les comptes du bétail seraient encore assez en bénéfice pour permettre une légère réduction sur le prix de revient du fumier, lequel prix a été coté d'abord 5 francs, et ensuite 6 francs les 1,000 kilogrammes [1]. » (Lecouteux.)

---

1. Nous craignons que beaucoup d'agriculteurs ne tiennent pas pour exact ce prix de 6 francs les 1,000 kilogrammes, par la raison que tout dépend du prix attribué à la paille employée à faire ce fumier. Un agriculteur auquel la paille revient à 3 francs, par exemple, mais qui pourrait la vendre 4 francs sur place ou l'acheter à ce prix, s'il en avait besoin, ne doit-il estimer la paille entrant dans ses fumiers qu'en comptant sur le prix de revient, ou bien doit-il débiter le fumier de la valeur commerciale de cette paille? Là est toute la question, et nous sommes pour la dernière opinion, parce que la paille, considérée comme récolte, est un produit, et qu'il doit être évalué à sa valeur commerciale avant de rentrer, comme matière première, dans une autre fabrication. Il est juste qu'un produit de la récolte soit évalué au cours; et puis enfin, si on ne l'avait pas, s'il fallait l'acheter, il faudrait bien le payer au cours; donc c'est ainsi, croyons-nous, que la paille doit être évaluée, tandis qu'à Masny elle n'est comptée que pour son prix de revient. C'est tout simplement avantager une opération à faire au détriment d'une opération faite.

Pour l'agriculteur, la récolte est la fin d'une opération, et il n'y a pas deux moyens de la liquider : c'est de porter à l'inventaire la valeur des produits obtenus pour le prix qu'on en aurait si on les portait immédiatement au marché. Combien il est regrettable que l'agriculture ne soit pas même fixée définitivement sur des questions aussi capitales. Personne ne pourra concevoir qu'on ne sache pas exactement combien on doit estimer le prix d'une matière première avec laquelle on obtient toutes les récoltes.

9

« Enfin, et avant de tirer des conséquences définitives de ce qui précède, nous dirons qu'indépendamment des intérêts à 5 p. 100 et du coût des frais généraux, il reste un bénéfice de 13 francs 52 centimes pour 100 francs du capital engagé, qui est moyennement de 1,051 francs. »

* * *

Envisageons maintenant à notre point de vue spécial ce résultat incontestable, fruit d'une pratique de onze années, 6 francs pour prix de revient de 1,000 kilogrammes de fumier, et voyons à quel prix il nous fait ressortir l'azote, l'acide phosphorique et la potasse. Nous n'avons pas l'analyse du fumier de Masny, mais nous croyons ne pas nous tromper en lui supposant la composition moyenne des trois fumiers rapportés à la page 157 des *Conférences* de M. Ville. La pulpe de betterave entrant pour une partie importante dans l'alimentation du bétail, le fumier doit être riche en potasse, et ce bétail étant nombreux, il doit être riche aussi en azote. Nous admettrons cependant, sauf rectification, dans le cas où nous aurions connaissance de la composition élémentaire du fumier de Masny, les chiffres suivants, en maintenant à 80 pour 100 le dosage de l'humidité qui y est contenue :

```
4,50  azote à 2 fr.........................      9,00
2,05  acide phosphorique à 1 fr. 10 c........      2,25
5,20  potasse à 80 c.........................      4,16
8 kilogr. chaux à 8 c........................      0.64
                                                  ______
                                                   16,05
```

Les prix auxquels nous avons coté l'azote, l'acide phosphorique, la potasse et la chaux, résultent du prix du quintal métrique du sulfate d'ammoniaque, qui est présentement de 50 francs; de celui du superphosphate de chaux, qui est de 17 francs; de celui du nitrate de potasse, qui est de 62 francs, et de celui du quintal de plâtre, qui est de 2 francs. Le dosage des matières utiles a été calculé comme suit : le sulfate d'ammoniaque du commerce dose 20 pour 100 d'azote; le superphosphate dose 15 pour 100 d'acide phosphorique; le nitrate de potasse dose 13 kilogrammes pour 100 d'azote et 46 kilogrammes de potasse, et le sulfate de chaux 27 de chaux pour 100.

Si on tient compte des frais de transport, des emballages, des déchets, des dosages affaiblis, on peut porter ce prix à un peu moins de 18 francs, c'est-à-dire que le fumier de Masny, fabriqué dans la ferme et enrichi d'engrais commerciaux et de déchets de fabrication, revient à M. Fiévet à un peu plus que le tiers seulement de ce que lui coûteraient des engrais chimiques, et encore comptons-nous pour rien les matières organiques que contient le fumier, les substances minérales qui ne sont pas dosées, et l'avantage incontestable des propriétés physiques que procure le fumier considéré comme amendement. C'est là une valeur incontestable, et on la perd trop souvent de vue. Après cette démonstration, que nous croyons sans réplique, nous arrivons à cette conclusion inattaquable que loin d'avoir, suivant le vœu du principe formulé par M. Lecouteux, *diminué le prix de revient des engrais*, les formules d'engrais chimiques prescrites par M. Ville n'ont fait qu'en augmenter démesurément le prix. Nous nous résumons en disant aux agriculteurs qu'on peut, dans une agriculture bien conduite et donnant des rendements de froment atteignant dans les bonnes années 41 hectolitres et en moyenne 32 hectolitres, agriculture procurant par suite de beaux bénéfices, on peut, disons-nous, obtenir l'azote, la potasse et l'acide phosphorique à moitié prix au-dessous de ce qu'ils coûtent dans les produits conseillés par M. Ville. Que voulez-vous de mieux?

Nous nous attendons à cette objection que les terres du département du Nord sont de qualité exceptionnelle, et qu'on ne peut espérer partout les mêmes rendements. C'est vrai, mais nous avons à répondre que les prix des fermages sont toujours proportionnels à la qualité des terres, et que ce que M. Fiévet obtient à Masny, et M. Pilat à Brebières, on peut l'obtenir ailleurs, proportionnellement à la qualité des terres.

D'ailleurs aussi, sauf des exceptions très-rares, la

fertilité n'est nulle part le résultat d'une perfection originelle. La composition géologique était plus ou moins complète à l'origine, mais, en définitive, c'est le travail, c'est la continuité des efforts et la succession des cultures qui ont produit le sol arable proprement dit, et l'ont amené à son maximum de production. Donc, toutes conditions géologiques étant égales, le travail, la continuité des efforts et la succession des cultures amèneront infailliblement les mêmes résultats, sauf l'influence des circonstances métérologiques défavorables.

Nous venons de voir ce qu'on peut obtenir d'une agriculture parvenue à la perfection telle qu'on peut la rêver aujourd'hui; mais à côté de cette agriculture type, il y a place pour d'autres combinaisons plus modestes et cependant donnant des bénéfices très-satisfaisants. Qui ne connaît les heureux effets de la chaux, de la marne, du noir animal, des os pulvérisés, des tourteaux oléagineux, de l'engrais humain, des boues de ville et autres, etc.? Qui n'a entendu parler des 100,000 hectares et plus de landes défrichées que comptait dans la Bretagne M. Rieffel, dès 1862? Et ces défrichements, en multipliant la superficie des terres arables, n'ont fait qu'en augmenter la valeur : l'hectare de landes, qui se vendait 20 francs au début, atteint maintenant le prix de 500 francs et plus. Le noir de raffinerie, qu'on jetait à la rivière ou aux décharges publiques en 1820, donne lieu, avec tous les produits tenant de près ou de loin à la famille des phosphates, à un commerce annuel de près de quatre millions de francs, à Nantes seulement; mais aussi, et méditez bien ceci, Monsieur Ville, vous qui prétendez que l'emploi des engrais chimiques n'en ferait pas monter le prix (page 81), l'hectolitre de noir de raffinerie, pour lequel on payait le transport aux décharges publiques en 1820, valait déjà en 1860 15 francs l'hectolitre. Le sulfate d'ammoniaque, qui coûtait 32 francs le quintal métrique il y a quelques années, est déjà à 50 francs, et ne s'arrêtera pas là. L'azote, que nous avons pu livrer aux agriculteurs à 1 franc 50 centimes le kilogramme au début de notre carrière manufacturière, est monté à 2 francs et plus. Nous allions oublier, à propos des grandes améliorations agricoles faites sans engrais chimiques, de parler des défrichements considérables exécutés dans l'Allier par M. du Jonchay et par son voisin, M. de Tracy, au moyen des os roussis et réduits en poudre; ou plutôt nous nous rappelons en avoir déjà parlé en préludant à notre réponse à M. Ville; mais que le lecteur nous le pardonne, nous avons affaire à un auteur qui répète incessamment les mêmes sentences, les mêmes affirmations, les mêmes paradoxes. Il est, qu'on nous passe la comparaison, semblable à ces généraux de l'ancien cirque Franconi, qui se complaisaient à passer la revue d'une armée sans fin dont l'avant-garde, entrant sur la scène par la coulisse de gauche, disparaissait par celle de droite, pour reparaître de nouveau dans le

corps de bataille après avoir disparu derrière la toile
de fond, et cela au grand ébahissement du public.
Ce que nous disons des répétitions continuelles de
M. Ville est l'exacte vérité. Il a donné au moins
quatre représentations des résultats obtenus en
Champagne. La culture de M. Cavallier a eu aussi la
bonne fortune de paraître plusieurs fois sur la scène,
et ainsi des autres. Cela fait nombre, à ce que croit
M. Ville; mais les agriculteurs qui lisent ne se laissent plus prendre à de semblables parades, et quant
à ceux qui ne lisent pas, ils répondront qu'avec des
engrais qu'on peut porter dans une tabatière on a
des récoltes qui tiennent dans un gousset.

En ce qui concerne la lande champenoise, il faut
avouer que M. Ville n'a pas la main heureuse. Comment! il se vante qu'une haute influence encourage
ses essais par ses libéralités, et précisément cette
haute influence, pénétrée de l'utilité indispensable
du fumier pour le défrichement des landes de Champagne, a établi le camp de Châlons pour y créer, au
moyen de fumiers et de déjections de toute sorte,
un oasis qui serve de point de départ à l'amélioration de la contrée. Et c'est avec cela que M. Ville a
la prétention de prouver l'inutilité du fumier, et par
suite l'inanité des combinaisons qui ont amené la
création du camp de Châlons! Il se méprend certainement sur le bon sens public.

D'ailleurs, aussi, est-il bien sûr que la substitution
du fumier par les engrais chimiques soit approuvée

par M. Ponsard, comme M. Ville tend à le faire croire? Nous en doutons fort, d'abord parce que M. Ponsard n'a pas dit un mot de tout cela, et ensuite parce que le zélé président du comice agricole de la Marne conseillait, dans *le Cultivateur de la Champagne,* » de *faire la terre végétale* par tous les moyens possibles, et au besoin, avec de la sciure de bois ou de la tannée, partout où l'on peut se procurer à bon marché ces utiles débris, mais en les animalisant d'abord avec des urines qui accélèrent la transformation du ligneux en humus soluble. » Or, le prétendu système de M. Ville ne fait pas la terre végétale, il la défait, il la détruit, il ruine par conséquent l'un des plus grands éléments de fertilité du sol. Voilà les différences.

* *
*

Nous venons de voir qu'une agriculture bien dirigée peut produire, à prix réduits, des engrais de qualité supérieure et donnant depuis de longues années de superbes récoltes, engrais que M. Ville prétend remplacer exclusivement par des sels minéraux qui coûtent beaucoup plus cher.

Après avoir éclairé le lecteur quant à la question des prix auxquels on peut se procurer les principaux éléments qui constituent les végétaux, notre devoir est d'examiner maintenant si le dosage de ces éléments, tel que le prescrit M. Ville, est en rapport avec les besoins des récoltes auxquelles ils sont destinés. Cela nous conduit tout naturellement à la discussion des formules d'assolement proposées dans le quatrième entretien. Nous avons employé pour cette discussion les compositions suivantes :

100 kilogrammes de phosphate acide de chaux contiennent 12^k50 d'acide phosphorique.

100 kilogrammes de nitrate de potasse contiennent en nombre rond 45 kilogrammes potasse, et 13 kilogrammes azote.

100 kilogrammes sulfate d'ammoniaque contiennent 20 kilogrammes azote.

100 kilogrammes nitrate de soude contiennent 15 kilogrammes azote, et 35 kilogrammes soude.

Quant à la chaux, nous négligerons d'en faire le compte.

Ces nombres ressortent directement de ceux que M. Ville lui-même a admis comme les équivalents des sels contenus dans le fumier de ferme, cinquième entretien, pages 38, 93 et 94. En effet, il y établit le compte suivant :

1° 600 kilogrammes phosphate acide de chaux produiront 75 kilogrammes acide phosphorique, d'où 100 kilogrammes phosphates donnent bien 12^k50 acide phosphorique comme ci-dessus [1] ;

1. Nous nous permettons de faire remarquer que nous trouvons ce produit assez pauvre en acide phosphorique ; mais comme il

2° 320 kilogrammes nitrate de potasse produisent 150 kilogrammes potasse, d'où 100 kilogrammes nitrate contiennent 46 kilogrammes potasse que nous avons réduits à 45 kilogrammes;

3° 560 kilogrammes sulfate d'ammoniaque, plus l'azote contenu dans le nitrate ci-dessus, doivent compléter ensemble 163 kilogrammes azote, ce qui résulte effectivement du compte suivant :

$$
\begin{array}{llr}
560 \text{ kilogrammes sulfate à 21 pour 100 azote..} & 117^{kg} \\
320 \quad\text{—}\qquad\quad \text{nitrate à 13 kilog} \ldots\ldots\ldots & 41^{kg} \\
\hline
\text{Total (au lieu de 163 kil.)} \ldots\ldots\ldots & 159^{kg}2
\end{array}
$$

Quant aux rendements à obtenir, nous les prendrons dans les conférences de M. Ville lui-même; nous les fixons ainsi qu'il suit :

Froment, 40 hectolitres pesant, à 75 kilogrammes l'un, 3,000 kilogrammes; récolte Cavallier, page 87. (M. Cavallier porte 2,995 kil.)

Betteraves décolletées, 60,000; récolte Cavallier, même page. (M. Cavallier a obtenu 59,640 kilogrammes; M. Leroy, 62,370 kilogrammes, page 65.)

Pommes de terre, 27,000 kilogrammes (M. Ville a obtenu, à Vincennes, 25 à 30,000; pages 69 et 96.)

Colza, 37 hectolitres pesant 2,500 kilogrammes.

s'agit de la marchandise patronnée par M. Ville, nous en acceptons le dosage, d'autant plus qu'il a signifié à plusieurs reprises qu'il ne reconnaissait comme bons que les chiffres émanant de lui.

C'est le rendement moyen que fixe M. Ville, qui se fait fort, dit-il, d'obtenir 35 à 40 hectolitres; page 258.

Avant de procéder aux comptes comparatifs des fumures et des récoltes, nous avons une observation à faire.

Voici comment s'exprime M. Ville, pages 248 et 249 :

« Lorsqu'il s'agit d'apprécier ce que le sol a perdu, il ne faut avoir égard qu'aux produits qui sont exportés, le complément de la récolte représenté par la paille ou autres déchets devant lui être rendu, soit qu'on fasse consommer par les animaux les pailles ou autres déchets de récolte, ou qu'on s'en serve pour produire de toutes pièces et par des moyens artificiels, des fumiers dont on combinera emploi avec celui des engrais chimiques. »

Il nous semble, tout d'abord, que M. Ville n'avait pas besoin de faire imprimer ces deux phrases en majuscules, à moins qu'il n'ait voulu, à cette occasion, se décerner un brevet d'invention comme il l'a fait en 1860 pour la culture des plantes oléagineuses (pages 266 et 267), brevet dont nous dirons quelques mots plus tard en établissant d'une manière irréfutable qu'en prenant ce brevet, en 1860, M. Ville ne faisait que s'approprier un principe qui avait été établi déjà dans un ouvrage publié en 1859, par un savant dont M. Ville ne peut ignorer le nom, ce qui le constitue bien et dûment à l'état de plagiaire, ainsi que nous allons le prouver dans un instant.

Pour en revenir aux phrases de M. Ville, nous dirons qu'il ne fait que répéter ce que tout agriculteur sait de reste. Seulement il faut s'entendre sur l'emploi de certains résidus, comme les pailles, par exemple, et nous devons, à ce propos, rappeler une longue polémique qui a eu lieu, il y a bien des années, au sujet de l'emploi des litières terreuses.

M. Malingié, de si regrettable mémoire, soutenait alors qu'il y avait avantage à vendre sa paille quand on en trouvait un prix convenable. C'est à l'occasion de ce débat que M. Payen fit plusieurs séries d'expériences destinées à établir la perte en azote que pouvaient faire subir à l'urine les substances calcaires sous différents états. C'est aussi à cette époque, grâce encore à M. Payen, consulté par le comte de Gasparin, que fut constatée la propriété remarquable de l'argile marneuse employée par M. Malingié, de conserver presque intact et indéfiniment l'azote qui lui est confié. C'est, du reste, le procédé employé en Chine pour conserver et faire voyager les engrais humains que les contrées du nord de l'empire, qui ne font qu'une récolte, expédient dans le midi où l'on en fait deux dans la même année. Mais pour en revenir aux pailles, supposons (ce qui est l'usage ordinaire) qu'elles soient converties en litières et en fumier, il faut remarquer ici que, comme M. Ville prétend du premier coup nous faire passer,

au moyen des engrais chimiques, d'un rendement
de 15 hectolitres de froment, par exemple, à un rendement de 40, soit 25 hectolitres d'augmentation,
il faudra bien que les matériaux de la paille afférente
à ce surcroît de production soient pris ou à la terre
ou aux engrais chimiques : dans le premier cas, il
y aura appauvrissement du sol; dans le second, insuffisance pour la production du grain dont la paille
aura consommé une partie des éléments, puisque
M. Ville ne veut pas en affecter à la production de
la paille dont l'excédant afférent aux 25 hectolitres
de froment mentionnés plus haut, consommera cependant environ 190 kilogrammes de matières minérales diverses. Ceci bien entendu, nous allons procéder, d'après les bases qui précèdent, aux comptes
d'apport des engrais chimiques pour les cinq assolements indiqués par M. Ville, pages 75, 76, 77 et 79
de ses conférences.

Quant aux compositions élémentaires des récoltes,
nous les prendrons autant que possible dans celles
qui ont été indiquées par M. Ville lui-même,
pages 156, 157, comme résultats de ses travaux,
résultats qui sont les seuls auxquels sa modestie et
ses talents lui permette d'avoir confiance.

Premier assolement de 4 ans, quatre récoltes consécutives de blé; page 75.

COMPTE DES FUMURES.

M. Ville y consacre en tout :

600 kil. phosphate de chaux conte-
   nant à 12,50 p. 100............   75 kil. acide phosphorique.
300 kil. nitrate de potasse contenant
   à 45 p. 100.................   135 kil. potasse.
Les mêmes, contenant à 13 p. 100 azote................   39 kil.
1,050 kil. sulfate d'ammoniaque contenant à 20 p. 100 azote. 210 kil.

                              Total de l'azote... 249 kil.

Les quatre récoltes de froment à 3,000 kilogrammes de grains l'une, comme chez M. Cavallier, contiennent, conformément au tableau de la page 156, savoir :

12,000 kil. à 6,80 p. 1000.....   81,6 acide phosphorique.
12,000 kil. à 5 p. 1000.......   60,0 potasse.
12,000 kil. à 28,30 p. 1000...   339,6 azote.

On voit qu'il y a grand excédant de potasse et insuffisance de 90 kilogrammes azote. Mais M. Ville ayant affirmé à plusieurs reprises qu'on ne devait restituer que 50 pour 100 de l'azote de la récolte, le reste étant pris à l'atmosphère, nous laissons le lecteur libre de courir la chance d'un insuccès sur la parole de M. Ville, car enfin l'absorption de l'azote de l'air par la culture des céréales n'est rien moins que prouvé. Quant à l'acide phosphorique, nous ferons remarquer que le dosage de 6,80 pour 1000 qu'indique M. Ville nous paraît insuffisant. Il porte à 8,93 celui du froment de mars. Dans son excellent *Traité de culture rationnelle*, M. Crussard porte la moyenne à 10,05 ; M. I. Pierre indique à très-peu de chose près la même composition, et M. Boussingault aussi, puisque, suivant lui, 1,343 kilogrammes froment contiennent 12^k9 d'acide phosphorique et 26^k4 d'azote, c'est-à-dire que dans le blé analysé par M. Boussingault l'azote est à l'acide phosphorique à très-peu près comme 2 est à 1. Or, d'après l'analyse du froment d'hiver donnée par M. Ville, à la page 156, l'acide phosphorique étant coté 6^k80, l'azote l'est à 28^k30, c'est-à-dire exactement quatre fois plus. Nous croyons donc d'après ces chiffres, qu'il y a lieu de ne pas accepter de confiance les analyses de M. Ville. Nous ajouterons enfin que dans l'analyse de vingt variétés de blé faite par M. Reiset, le poids des cendres a varié de 1^k60 à 2^k19, et celui de l'azote de 1^k71 à 2^k87 pour 100. On sait que dans les cendres du blé l'acide phosphorique entre pour un peu moins de moitié (45 pour 100), ce qui ferait varier de 7,2 à 10 pour 100 l'acide phosphorique contenu dans les blés traités par M. Reiset.

Nous nous résumons sur ce point en disant que la fumure de M. Ville, en ce qui concerne son premier assolement, doit être insuffisante, excepté en potasse qui surabonde. Pourquoi?

Deuxième assolement de 2 ans (colza, blé; page 76).

M. Ville prescrit de lui fournir les engrais suivants :

```
400 kil. phosphate de chaux dosant à
   12,5 p. 100....................   50 kil. acide phosphorique.
120 kil. nitrate de potasse dosant à 45
   p. 100.......................   54 kil. potasse.
Les mêmes, dosant à 13 p. 100 azote...............   15,6
725 kil. sulfate d'ammoniaque dosant à 20 p. 100 azote.  145.0
                                               ――――
                         Total de l'azote......   160,6
```

Les deux récoltes contiennent, suivant M. Ville (page 156) :

```
2,500 kil. graines de colza à 12ᵏ86 p. 1000   32,15 )  52,55 acide
3,000 kil. graines froment à 6,80 p. 1000   20,40 ) phosphorique.

2,500 kil. graines de colza à 7,13 p. 1000   17,80 ) 32,80 potasse.
3,000 kil. graines froment à 5 p. 1000..   15,00 )

2,500 kil. graines de colza à 41,90 p. 1000 104,75 ) 189,65 azote.
3,000 kil. graines froment à 28,30 p. 1000  84,90 )
```

Constatons encore que dans le dosage de l'engrais chimique de cet assolement il y a une surabondance de potasse comme dans le précédent, mais aussi une insuffisance d'acide phosphorique, minime en apparence, mais qui, comme nous l'avons expliqué à propos de son dosage dans le blé, doit être assez importante. Quant à l'azote, l'insuffisance est notable (30 kilogrammes), et elle serait encore bien plus considérable si on brûlait les pailles et siliques de colza ainsi que le conseille M. Ville, pages 76 et 139. En effet, une récolte de 2,500 kilogrammes (graines de colza) suppose 2,500 kilogrammes de siliques dosant 11 pour 1000, et 5,500 kilogrammes de paille dosant 104 pour 1000 d'azote, ce qui produit un total de 84^{k}72 azote, représentant une valeur de 160 francs que notre auteur conseille de convertir en fumée, se mettant en cela à la remorque des routiniers dont M. I. Pierre stygmatise l'ignorance à si juste titre. On conviendra qu'ici M. Ville ne joue pas le rôle de savantissime qu'il se décerne à chaque page. Suivons toujours; nous récapitulerons quand le moment sera venu.

Troisième assolement de 5 ans (pommes de terre, blé, trèfle, colza, blé).

M. Ville emploie pour les cinq ans les sels suivants :

800 kil. phosphate acide de chaux contenant à 12,50 p. 100........	100 kil. acide phosphorique.
500 kil. nitrate de potasse contenant à 45 p. 100..................	225 kil. potasse.
Les mêmes, contenant à 13 p. 100 azote...............	65 kil.
1,000 kil. sulfate d'ammoniaque contenant à 20 p. 100 azote.	200 kil.

Total de l'azote..... 265 kil.

En face de cet apport, alignons la dépense :

27,000 kil. pommes de terre (tubercules) contiennent à 0,92 p. 1000............	24,84	
6,000 kil. froment (grains) contiennent à 6,8 p. 1000...................	40,80	138,99 acide phosphorique.
8,000 kil. trèfle fané contiennent à 5,15 p. 1000.....................	41,30	
2,500 kil. graines de colza contiennent à 12,86 p. 1000................	32,15	

```
27,000 kil. pommes de terre à 3,35.....    90,45  )
 6,000 kil. froment (grains) à 5.........   30,00  }  315,85 potasse.
 8,000 kil. trèfle fané à 22,20 .........  177,60  }
 2,500 kil. graines de colza à 7,13......   17,80  )

27,000 kil. pommes de terre à 4,52.....    42,04  )
 6,000 kil. froment (grains) à 28,30....  169,80  }  316,59 azote.
 8,000 kil. trèfle fané à 16,30—130,40. Mémoire.  }
 2,500 kil. graines de colza à 41,90 ....  104,75  )
```

En vérité, nous ne savons comment nous expliquer le désaccord considérable qui existe ici entre les quantités d'acide phosphorique, de potasse et d'azote que consomment les récoltes et celles que leur fournit M. Ville. Il faut qu'il ait fait ses calculs avec une négligence qui, comme nous le verrons plus tard, à propos encore des assolements, dépasse tout ce que l'on peut imaginer. M. Ville doit certainement mettre plus de soin à régler sa propre alimentation qu'il n'en met à ordonner le menu des plantes soumises à son autocratique empire, car autrement il ne serait bientôt plus (qu'on excuse l'image) qu'un chevalier de la triste figure.

Un apport de 100 kilogrammes d'acide phosphorique qui doit subvenir à une consommation de 139 kilogrammes; 225 kilogrammes de potasse au lieu de 315 kilogrammes, et enfin 265 kilogrammes d'azote devant en remplacer 316 kilogrammes, tout en portant pour mémoire les 130 kilogrammes que contiennent les 8,000 kilogrammes de trèfle, telles sont en définitive les règles d'arithmétique agricole tout à fait nouvelles que M. Ville propose à ses adhérents. Nous avons porté, pour mémoire seulement, les 130 kilogrammes d'azote que contient le trèfle, pour ne pas entrer dans la discussion de l'apport de l'azote de l'air, autrement le déficit en azote eût été de 180 kilogrammes qui, à 2 francs, représenteraient une somme de 360 francs.

Décidément il faut compter derrière M. Ville.

Quatrième assolement de 4 ans (betteraves, blé, trèfle, blé: page 77).

M. Ville prescrit pour la durée de cet assolement les doses d'engrais chimiques suivantes :

```
800 kil. phosphate acide de chaux à 12,50 p. 100, 100 kil. acide
     phosphorique.
400 kil. nitrate de potasse à 45 p. 100..   180 )
400 kil. nitrate de soude à 35 p. 100...   140 } alcalis 320 kil.
Les mêmes, à 15 p. 100 azote.......................   60 kil.
Les mêmes, à 13 p. 100 azote.......................   52 kil.
600 kil. sulfate d'ammoniaque à 20 p. 100 azote.......   120 kil.
                                               ______
                    Total de l'azote.....   232 kil.
```

Voici maintenant le dosage de la récolte :

```
6,000 kil. froment à 6.80 p. 1000.....   10,80 )
60,000 kil. betteraves décolletées à 0,923   55,38 } 137.38 acide
8,000 kil. trèfle fané à 5,15...........   11,20 ) phosphorique.

6,000 kil. froment à 5,00...........   30,00 )
60,000 kil. betteraves à 3,42...........   205,20 } 412,80
8,000 kil. trèfle à 22,20...........   177,60 ) potasse et soude.

6,000 kil. froment à 28,30...........   169.80 )
60,000 kil. betteraves à 2,10...........   126,00 } 295,8 azote.
8,000 kil. trèfle à 16,30 (130,40).... Mémoire. )
```

Nous voyons ici que l'engrais chimique est en déficit sur tous les points. Ce déficit est en apparence de 37 kilogrammes seulement sur l'acide phosphorique, mais nous répétons de nouveau que son dosage est estimé trop bas par M. Ville en ce qui concerne le blé, et nous croyons l'avoir prouvé. Quant aux alcalis, leur insuffisance est de 92 kilogrammes. Il manquerait 194 kilogrammes d'azote, si nous n'avions pas inscrit, pour mémoire seulement, les 134 kilogrammes qui entrent dans la composition du trèfle, ainsi que nous l'avons fait pour l'assolement précédent. Nous savons bien d'avance ce que nous répondra M. Ville pour expliquer ces déficits. (M. Ville n'est jamais embarrassé.) Les betteraves et le trèfle seront consommés par le bétail de la ferme, et serviront à faire du fumier qui sera rapporté sur les terres : cependant si, comme c'est le cas chez M. Garnot de Genouilly, il n'y a ni bâtiments, ni bétail, tout sera vendu, trèfle et betteraves, et les engrais chimiques devront faire face à tout, ce qui du reste est la culture de prédilection de M. Ville, l'occasion de son triomphe et le sujet de son admiration pour lui-même. Dans tous les cas, nos lecteurs sont avertis; c'est à eux à aviser. Qu'ils nous permettent d'ouvrir ici une parenthèse, pour leur soumettre une observation à propos d'une nouvelle preuve que donne ici notre auteur de l'incohérence et du vide de ses idées (nous ne pouvons dire de ses principes, car en vérité il n'en a guère en ce qui concerne la nutrition des plantes); ce qui ne l'empêche pas du tout d'être professeur de physique végétale au Muséum d'histoire naturelle !

Après avoir, à cette page 77 à laquelle nous nous sommes arrêté, donné un avertissement au sujet d'une modification qu'il prescrit dans la composition de son engrais, dans le cas où, dans l'assolement que nous venons d'examiner, on remplacerait les betteraves par des pommes de terre, M. Ville revient aux résultats obtenus sur le domaine de M. Cavallier. Nous ne savons si le site est riant chez M. Cavallier, mais il est certain que c'est là que l'imagination de l'hypo-réformateur se plaît à *errer*.

Au nombre de ces résultats, il cite une expérience faite sur quatre rendements de betteraves, correspondant à des doses croissantes de sulfate d'ammoniaque administrées à la terre en guise d'engrais. Voici ces rendements que nous copions textuellement :

	Racines à l'hectare.
Sans azote.................................	36,834 kil.
Avec 400 kil. sulfate d'ammoniaque....	47,325 kil.
Avec 500 kil. —	51,000 kil.
Avec 650 kil. —	59,640 kil.

puis évaluant en argent les bénéfices résultant de l'emploi de ces doses de sulfate d'ammoniaque, il les chiffre à la page 78 par les sommes de 67 francs 82 centimes, 108 francs 20 centimes, et 228 francs 60 centimes.

Qui ne croirait que, mettant à profit une indication aussi précieuse, destinée à mettre si bien en relief l'efficacité d'une forte dose de sulfate d'ammoniaque appliquée aux betteraves, M. Ville ne s'empresse d'indiquer au moins 650 kilogrammes de ce sel, comme la fumure qui doit accompagner la sole de betteraves? Il n'en est rien cependant. L'azote est fourni à cette sole au moyen de 200 kilogrammes de nitrate de potasse et 400 kilogrammes de nitrate de soude (page 77), dosant seulement 116 kilogrammes d'azote, au lieu de 130 kilogrammes qu'avaient apportés les 650 kilogrammes de sulfate d'ammoniaque dans l'expérience de M. Cavallier. A cela M. Ville nous fera observer sans doute que puisqu'il lui fallait fournir des alcalis aux betteraves, il a préféré les fournir sous la forme de nitrates, qui ont l'avantage d'apporter aussi de l'azote; en cela nous sommes d'accord avec notre auteur, mais nous lui reprocherons cependant trois choses :

1° De n'avoir pas apporté assez de nitrates, puisque nous venons de voir qu'il y a un fort déficit sur les alcalis et sur l'azote, ce qui met en évidence non-seulement le décousu et l'instabilité de sa doctrine, mais encore le peu de soin qu'il met dans les détails de l'application de son fameux système : nous en verrons bien d'autres exemples;

2° De n'avoir pas prévenu le lecteur que, par suite de l'emploi du sulfate d'ammoniaque appliqué aux expériences sur les betteraves, il y avait eu une forte soustraction d'alcalis faite aux dépens du sol, sans parler de tous les autres matériaux emportés par la récolte;

3° Enfin, de n'avoir pas institué une expérience

comparative entre les nitrates et le sulfate d'ammoniaque appliqué à la fumure des betteraves.

Cinquième assolement de 6 ans (lin, betteraves, froment, colza, froment, puis, pour terminer, avoine ou orge, ou seigle ; page 79).

Après avoir prescrit les engrais chimiques que nous allons voir, M. Ville ajoute : « Cette succession de cultures, traitées comme je l'indique, donne toujours de magnifiques récoltes. » Toujours des affirmations hardies ; quant aux preuves, néant. Il faut convenir que M. Ville prend ses lecteurs pour de véritables badauds, et certes il ne fait pas honneur à ceux qu'il a l'habitude d'entretenir.

Voyons, Monsieur Ville ; il s'agit ici d'un assolement de six ans : vous nous affirmez qu'il donne *toujours de magnifiques résultats* : le *toujours*, les *magnifiques résultats* et l'aplomb de votre affirmation donneraient à penser que vous l'avez expérimenté au moins pendant trois ou quatre rotations, c'est-à-dire pendant dix-huit à vingt-quatre ans, et alors, je vous en demande pardon, mais, vous voyant en face d'une pareille interrogation, les vers de notre vieux fabuliste me reviennent malgré moi à la mémoire, et je vous vois balbutiant comme le pauvre agneau : « Comment l'aurais-je fait si je n'étais pas né ? »

Eh bien, non, Monsieur : rayez la réussite de cet assolement de vos états de services ; vous ne l'avez pas suivi : peut-être l'avez-vous commencé dans quelques plates-bandes où, depuis 1861, suivant votre aveu, vous avez fait succéder la culture *de pleine terre* aux études de laboratoire (pages 73 et 213), mais l'avoir pratiqué en entier en plein champ à la face du soleil et soumis à toutes les intempéries, cela n'est pas possible ; autrement ces magnifiques résultats que vous vous glorifiez d'avoir toujours obtenus, vous nous les auriez *cités, décrits, et vantés* surtout ! Comment ! un homme de votre trempe et de votre tempérament, que le succès obtenu chez M. Cavallier affole au point de nous le jeter à la face à satiété, un homme qui a découvert les secrets de la végétation, et possédé comme vous l'êtes du démon de l'orgueil (notez que nous ne disons pas de la vanité, ce qui serait bien différent), M. Ville enfin, puisqu'il faut appeler ce phénomène par son nom, ne nous aurait pas encore révélé un succès pyramidal comme celui d'un assolement de six ans, comprenant deux ou trois cultures industrielles, pratiqué depuis plusieurs rotations et produisant *infaillible-ment* (c'est une variante du *toujours*) de magnifiques résultats au moyen des seuls engrais chimiques ? Oh ! non, la chose n'est pas possible, et puisque nous sommes en train de citer notre fabuliste, il est certain que si vous eussiez jamais pondu un pareil œuf, il serait aujourd'hui avéré, certifié que vous en avez pondu cent.

Nous avons affirmé que vous nous jetiez à la face à satiété le succès obtenu chez M. Cavallier, et ce n'est vraiment pas trop dire ; car enfin, si d'autres ne s'en sont pas aperçus, nous, qui sommes obligé de vous lire le crayon à la main, certifions ici que nous voulons bien perdre notre nom si celui de M. Cavallier ne se trouve pas ramené dans votre livre au moins quatorze fois.

On conviendra que M. Ville abuse du *bis repetita placent*, et qu'il serait capable d'en faire changer la finale, à moins qu'on ne lui oppose le *non bis in idem*.

Après ces observations préliminaires, abordons ce fameux assolement de six ans, le triomphe des engrais chimiques et la joie des croyants. M. Ville prescrit d'y consacrer des doses successives de sels qui se résument de la manière suivante :

1,200 kilog. phosphate acide de chaux à 12,50 p. 100....................	150 k. acide phosphorique.	
400 kilog. nitrate de potasse à 15 p. 100 potasse.......................	180	} 320 alcalis.
400 kilog. nitrate de soude à 35 p. 100 soude	140	
Les mêmes, à 15 p. 100 azote........	60	
Les mêmes, à 13 p. 100 azote........	52	} 348 azote.
1,150 kilog. sulfate d'ammoniaque à 20 p. 100 azote....................	236	

Voyons maintenant quelle est la composition des récoltes auxquelles ces engrais doivent subvenir.

Nous commençons par la sole de lin à propos de laquelle M. Ville ajoute une note ayant pour but de prévenir le public qu'un lin traité à l'engrais chimique a été vendu sur pied à raison de 920 francs l'hectare, comme si c'était là quelque chose d'extraordinaire ; puis, comme toujours, arrive une exclamation très-prétentieuse ! Or, pour déterminer la consommation d'engrais faite par les tiges et la graine du lin, dont les *Conférences* ne disent mot, nous avons été dans l'obligation de compulser un assez grand nombre de documents, et nous nous sommes reporté, entre autres, à *l'Agriculture du nord de la France*, dans laquelle M. Barral a décrit, avec de nombreux détails, les cultures de la ferme de Masny : nous y avons trouvé qu'en 1859 M. Fiévet avait vendu 14 hectares de lin sur pied à raison de 952 francs l'hectare ; qu'en 1861, 15 hectares avaient été vendus, toujours sur pied, à raison de 886 francs 30 centimes l'hectare ; qu'en 1862, 10 hectares avaient été vendus bruts à raison de 1,242 francs 61 centimes l'un, et qu'en 1863 le chiffre s'était élevé à 1,625 francs 22 centimes. Il n'y a pas de danger que M. Ville s'aventure sur le terrain des comparaisons ; il est bien trop prudent pour cela, et il a bien raison. Aussi n'a-t-il pas dit un mot des rendements ordinaires des agriculteurs. Qu'on veuille remarquer que ce dernier produit est presque double de celui devant lequel M. Ville s'émerveille. Mais ce qui devrait l'émerveiller davantage, s'il n'était le promoteur d'un système hermaphrodite qui n'est ni scientifique ni agricole, c'est que tous ces produits sont obtenus *sans engrais chimique d'aucune sorte*. M. Fiévet sème ses lins après avoine fumée, en ajoutant par hectare, seulement pour le lin, 50 francs de tourteaux de colza à la fumure que l'avoine a laissée en terre, fumure qu'il estime 126 francs, soit en tout 176 francs, au lieu de 192 francs de la merveilleuse poudre de M. Ville : le fumier donné à l'avoine qui succède à la betterave est tout simplement du fumier de ferme à 6 francs les 1,000 kilogrammes, fumier qui, comme chacun sait, est la bête noire de M. Ville.

Quelle humiliation, pour un aussi grand professeur, de se voir battu par de simples agriculteurs ! C'est dur.

Abordons maintenant la question de la récolte du lin et de sa composition. Sans donner un détail fastidieux des calculs qui nous ont amené aux chiffres qui vont suivre, nous nous contenterons de dire qu'ils émanent de la comptabilité de Masny et des analyses de M. E. Marchand, de Fécamp. Nous avons obtenu la quantité d'eau contenue dans la graine et dans les tiges en combinant les rendements de Masny avec les indications données par M. Grandeau dans le tableau que présente le numéro du *Journal d'agriculture pratique* du 20 février 1868, page 230.

1,000 kilogrammes de tiges de lin desséchées et 1,000 kilogrammes de graines desséchées contiennent :

	Acide phosphorique.	Potasse.	Soude.	Azote.
Tiges......	1,665	3,893	1,333	6,83
Graines	16,852	6,455	7,068	37,03

5,600 kilogrammes tiges à l'état normal contenant

eau 141 pour 1000, deviennent 4,811 kilogrammes tiges sèches, ou en nombre rond 4,800. 866 graines pesant, à 69 kilogrammes l'hectolitre, 627^{k}54, contenant eau 123 pour 1000, deviennent, graine sèche, 550^{k}35, et en nombre rond 550 kilogrammes.

D'après la composition des tiges et graines de lin, nous trouvons qu'une récolte de lin fournit :

4,800 tiges sèches à 1^{k}665 p. 1000 contenant.................................... 7,99 acide phosphorique.
500 kilog. graines sèches à 16,85 p. 1000 contenant.......................... 9,27 —

Total de l'acide phosphorique. 17,26

4,800 kilog. tiges sèches à 3,9 p. 1000 contenant........................... 18,7 ⎫
550 kilog. graine sèche à 6,5 p. 1000 contenant.......................... 3,6 ⎭ 22,3 potasse.

Total de la potasse. 22,3

4,800 kilog. tiges sèches à 1,33 p. 1000 contenant........................... 3,6 ⎫
550 kilog. graine sèche à 7,00 p. 1000 contenant.......................... 3,8 ⎭ 10,1 soude.

Total de la soude. 10,1

Total des alcalis. 32,4

4,800 kilog. tiges sèches à 6,8 p. 1000 contenant........................... 32,64 azote.
550 kilog. graine sèche à 37 p. 1000 contenant.......................... 20,35

Total de l'azote. 52,99

Passons maintenant à la sixième sole, que nous supposerons être de l'orge, M. Ville donnant le choix entre l'avoine, l'orge ou le seigle.

Prenons pour rendement en grains 44 hectolitres pesant 64 kilogrammes l'un, nous aurons 2,816 kilo-

grammes de grain, que nous réduirons à 2,800 kilogrammes. Ce qui nous a engagé à choisir l'orge de
préférence aux autres grains, c'est que M. Ville en a
donné la composition, page 156; nous avons donc,
suivant lui, les consommations suivantes :

2,800 kilog. graine d'orge à 9,50 p. 1000
  contenant........................... 26ᵏ6 acide phosphorique.
2,800 kilog. graine d'orge à 7,30 p. 1000
  contenant........................... 20ᵏ4 potasse.
2,800 kilog. graine d'orge à 20,60 p. 1000
  contenant........................... 57,68 azote.

Au moyen de ce qui précède, nous établissons
ainsi qu'il suit les consommations du cinquième assolement :

5.600 k. tiges de lin et 8ᵏ66 graine à l'état normal contiennent.	17,26	
60,000 k. betteraves décolletées —	55,38	172,19
6,000 k. froment (grains).... —	40,80	acide
2,500 k. graine de colza .... —	32,15	phosphorique.
2,800 k. graine d'orge ...... —	26,60	
5,600 tiges de lin et 8ᵏ6 graine —	32,4	
60,000 k. betteraves décolletées —	205,2	
6,000 k. froment (grains).... —	30,0	305,8 alcalis.
2,500 k. graine de colza..... —	17,8	
2,800 k. graine d'orge ...... —	. 20,4	
5,600 tiges de lin et 8ᵏ6 graine —	52,99	
60,000 k. betteraves décolletées —	126,00	
6,000 k. froment (grains).... —	169,80	511,22 azote.
2,500 k. graine de colza..... —	104,75	
2,800 k. graine d'orge ...... —	57,68	

En comparant les consommations avec les apports
prescrits par M. Ville, on voit qu'ici les alcalis,
comme dans les autres assolements, paraissent en
excès ; nous disons *paraissent*, mais il n'en est rien,

10.

et nous faisons à ce sujet une observation capitale qui s'applique à toutes les formules de composition élémentaire que M. Ville a données comme émanant de son laboratoire : aucune de ces compositions n'indique la quantité de soude contenue dans les récoltes ; or il faudra bien cependant qu'elle soit prise quelque part, et pour que le lecteur puisse se faire une idée du déficit qui résultera du sans-façon avec lequel M. Ville traite ces questions, nous allons mettre ici les quantités de potasse et de soude que M. Marchand a eu le soin de distinguer scrupuleusement dans ses analyses.

Elles s'appliquent à 1 kilogramme de produit complétement desséché :

	BLÉ rouge.	BLÉ blanc.	POMMES DE TERRE, tubercules, patraques	BETTE-RAVES racines	COLZA grains.	LIN tiges.	LIN graines.
Potasse...	3gr,786	2gr,505	13gr,146	10gr,16	9gr,410	3gr,893	6gr,455
Soude....	2gr,731	4gr,591	11gr,83	29gr,16	3gr,131	1gr,333	7gr,068
Total des alcalis.	6gr,517	7gr,156	26gr,084	39gr,26	12gr,544	5gr,226	13gr,513

Voici, sous le bénéfice des observations que nous avons faites à propos de l'acide phosphorique et de la soude, le résumé de notre examen du cinquième assolement :

Apports. 150 k. acide phosphorique, 320 k. alcalis, 348 k. azote.
Dépense. 172,19   —   305   —   511   —

Tel est le bilan de ce cinquième et dernier assolement.

Finis coronat opus.

Si nous récapitulons les chiffres qui concernent les cinq assolements que nous venons de passer en revue, nous obtenons les résultats suivants :

ASSOLEMENTS.	ACIDE phosphorique		ALCALIS		AZOTE.	
	fourni.	con-sommé.	fournis.	con-sommés.	fourni.	con-sommé.
	kil.	kil.	kil.	kil.	kil.	kil.
1er assolement, 4 ans..	75,00	81,66	135,00	60,00	249,00	339,63
2e — 2 ans..	50,00	52,55	54,00	32,80	160,60	189,65
3e — 5 ans..	100,00	138,99	225,00	315,85	265,00	316,59
4e — 4 ans..	100,00	137,38	320,00	412,80	332,00	295,80
5e — 6 ans..	150,00	172,19	320,00	305,80	348,00	511,22
Totaux..........	475,00	582,71	1054,00	1127,25	1254,60	1652,86
Déficit	107k,71		73k,25		398k,26	

Il résulte bien clairement et d'une manière irré-

futable de cette récapitulation, que le régime des
engrais chimiques tel que l'ordonne M. Ville a été
bien mal étudié, et aussi pauvrement conçu que résumé, puisque, loin de laisser en terre un excédant
d'acide phosphorique et d'alcalis, ainsi qu'il le prétend, il cause des déficits plus considérables encore
que ceux que nous venons de signaler, en raison surtout de l'insuffisance du dosage de l'acide phosphorique dans le blé et de celui des alcalis en ce qui
concerne la soude, qui est passée sous silence dans
la composition des récoltes.

Ainsi, le fait n'est pas douteux, la doctrine repose
sur une série d'illusions ; c'est un système de fantasmagorie chimico-agricole qui consiste à faire des
récoltes par épuisement du sol, puisque l'apport en
engrais ne comporte pas tous les matériaux nécessaires à chaque récolte. Donc, tous les calculs de
M. Ville sont inexacts en ce qui concerne le prix de
revient des produits obtenus, puisqu'il ne fait pas
entrer en ligne de compte la valeur de tous les matériaux pris au sol. C'est une conclusion à laquelle
nous nous attendions ; mais avant d'en parler nous
avons voulu demander des preuves irrécusables aux
chiffres mêmes « de l'illustre professeur, » qui préconise et met en pratique la culture épuisante, épuisante au premier chef, puisqu'il est bien prouvé que
les apports sont insuffisants.

* *
* *

Considérons encore les engrais chimiques sous un
autre point de vue, qui ne manque pas d'importance,
celui de la dépense, et prenons pour point de comparaison le dernier assolement, celui de six ans, par
lequel nous venons de terminer notre examen.
M. Ville en porte la dépense totale en engrais chimiques à 1,056 francs, dépense qui est insuffisante,
ainsi que nous venons de le vérifier. Nous lui opposerons, comme termes de comparaison, les cultures
dont nous avons eu déjà l'occasion de parler : ce sont
celles de la ferme de Masny.

Ces comptes, qui présentent le tableau de toutes
les récoltes en dépenses et en recettes pendant onze
ans (1853 à 1863), méritent à coup sûr toute confiance, soit en raison des règles de comptabilité ri-
goureuse qui ont été suivies pour les établir, sans
oublier que tout cela a été vu et contrôlé par des
commissions composées d'hommes spéciaux, mais
en outre, ce qui est très-important, parce que le
grand nombre d'années qu'embrassent ces comptes
a permis de faire aux intempéries la part qu'on voudrait en vain leur refuser et que négligent trop souvent les faiseurs de systèmes. Cette part faite aux
intempéries résulte bien évidemment de l'écart
qu'on reconnaît entre les récoltes maxima et minima

qui figurent dans ces comptes. Ainsi, pour le lin, les recettes brutes par hectare en cinq ans (1850 à 1863) ont varié de 886 francs (1861) à 1,625 francs (1863), et les produits en nature sont compris entre 5,070 kilogrammes (1860) et 6,210 tiges (1863), plus 6 hectolitres (1862) et $10_h,90$ (1863) graine par hectare.

Le blé présente de bien plus grands écarts. Si on n'en récolte que $20_h,72$ par hectare en 1855, on en trouve 40 hectolitres en 1860. Si en 1862 on obtient près de 61,000 kilogrammes de betteraves par hectare, c'est après avoir passé par un rendement de 37,000 kilogrammes en 1854. Enfin, si l'année 1853 n'a fourni que 39_h76 d'avoine, 1862 en a donné 81 hectolitres.

Après avoir présenté ces observations préalables, passons maintenant aux dépenses annuelles de fumures; nous n'en fournirons que le total par culture, renvoyant à *l'Agriculture du nord de la France*, par M. Barral, pour en relever les détails. Nous nous contentons seulement de dire qu'à Masny les fumures consistent en fumier de chevaux, bêtes à cornes, moutons, tourteaux de colza, écumes de défécations et engrais industriels; on y joint le parcage des moutons à l'engrais. Voici donc, d'après la comptabilité, les prix de l'engrais consacré à chaque culture :

Lin.........................   176 francs.
Betteraves.................   350   —
Froment (2 fois)...........   248   —
Avoine.....................   110   —
                             ____
              Total......   884   —
Les engrais chimiques coûtent..   1,056 francs.

Leur dépense excède de 172 francs celle des fumiers ordinaires, soit une augmentation de près de 20 pour 100; ce n'est donc pas par l'économie qu'ils brillent, malgré les affirmations de M. Ville.

Afin de compléter la démonstration, nous devons nécessairement établir la même comparaison entre les produits de M. Ville et ceux de l'industrie, qu'il prétend pouvoir remplacer économiquement. Voici des données numériques desquelles chacun pourra également contrôler l'exactitude :

Richesses et valeurs agricoles comparées des engrais.

G. VILLE.	ROHART FILS.

1,700 kil. des engrais chimiques dont la composition suit, représentent une valeur agricole totale de 514 francs, comme il est indiqué ci-dessous :

600 kil. biphosphates à 18 fr. .... 108 fr.
   (Les biphosphates du commerce mentionnés ici dosent en moyenne 40 p. 100 des phosphates et biphosphates réels, qui ressortent ainsi à 0^{fr},45 le kil.;
400 kil. nitrate de potasse contenant :
   52 k. d'azote à 2 fr. 104 fr.
   176 k. potasse à 1 fr. 176 fr.
300 kil. nitrate de soude contenant :
   48 k. d'azote à 2 fr. 96 fr.
   110^k,64 de soude à 0^{fr}.20 .... 22 fr.
400 kil. chaux à 2 fr. les 100 kil. .... 8 fr.

Ensemble valeur agricole des 1,700 kil. .... 514 fr.

3,213 kil. de l'engrais Rohart fils, à 16 fr. les 100 kil., dont la composition suit, donnent également 514 fr., mais représentent une valeur agricole de 634 fr. 73 c., comme il est indiqué ci-dessous :

   Richesse de 5 p. 100 d'azote, — 15 à 20 de phosphates, ou moyenne de 18 p. 100, — 10 p. 100 sels alcalins de potasse et de magnésie, et 40 p. 100 matières organiques.

3,213 kil. à 5 p. 100 d'azote = 160^k,650 à 2 fr. 321,30
   — 18 p. 100 phosphate et biphosphate = 568 kil. à 0^{fr},45. 255,60
   — 10 p. 100 sels alcalins à 10 fr. 32,13
   — 40 p. 100 matières organiques = 1,285 kil. à 0^{fr},02 25,70

D'où : 514 fr. d'engrais Rohart = valeur agricole. 634,73

   Différence ou plus-value en leur faveur = 120 fr. 73 c. sur 514, soit près de 20 p. 100.

Mais ce n'est pas tout, l'absence des matières organiques que les engrais chimiques ne contiennent pas, produira en peu d'années des résultats désastreux que l'expérience a mis hors de doute depuis longtemps et qui ont été résumés de la manière suivante par M. Rauch, agriculteur bavarois, qui a expérimenté pendant de longues années les engrais salins et le guano surtout.

Voici ses conclusions, que tout le monde peut lire pages 583 et 584 de l'excellent ouvrage de M. Bobierre, *L'atmosphère, le sol et les engrais :*

« Dans l'état actuel de l'agriculture, il est impossible de se passer du fumier d'étable. Les engrais végétaux ou les fumures vertes peuvent seules le remplacer jusqu'à un certain point. »

M. P. Joigneaux a conclu dans les mêmes termes dans le *Livre de la ferme*, t. I, p. 94 :

« Notre conclusion sera courte et claire : On ne remplacera pas les fumiers. Contentons-nous de leur venir en aide avec les engrais du commerce, qui se composent de déchets d'usines, de débris d'abattoirs, de sang, de poissons gâtés, d'os, de bourres, de rognures de cuir, de cendres de bois, de plâtre, de tourbe, de cendres pyriteuses, etc. »

Cette conclusion n'est que conforme à celles que peuvent donner des hommes véritablements compétents, et elle est absolument contraire aux idées systématiques de M. Ville, puisque les chiffres que nous venons de produire établissent que, loin d'abaisser le prix de revient des fumures, les engrais chimiques augmentent ce prix de 20 pour 100 lorsqu'on compare leur valeur agricole à celle du fumier de ferme ou des engrais de l'industrie.

Et enfin, M. Ville est d'autant plus coupable d'affirmer que l'agriculture peut produire le blé à 10 ou
12 fr. l'hectolitre, que cela est absolument inexact,
dans les conditions culturales ordinaires, et qu'en
ce qui concerne l'application de son prétendu système, elle aurait précisément pour résultat d'augmenter le prix de revient de tous les produits du
sol, ainsi que nous venons de le prouver.

CHAPITRE VIII

CINQUIÈME ENTRETIEN

« Nous devons nous préoccuper beaucoup de
l'état des corps considérés comme engrais. »
(De Gasparin.)

En commençant le cinquième entretien, on nous
annonce qu'il sera consacré à comparer le fumier de
ferme aux engrais chimiques complets.

Nous résumons, dans les six proportions suivantes,
les bases sur lesquelles la comparaison aura lieu.

1° Une fumure de 40,000 kilogrammes de fumier
est regardée comme suffisante pour deux ans.

Elle contient :

Azote..........................	163 kil.
Acide phosphorique.............	75
Potasse........................	160
Chaux..........................	321

2° Ce sont les seules matières dont l'efficacité soit reconnue par M. Ville : l'utilité « des matières hydro-carbonées qui les accompagnent dans le fumier est plus que problématique. »

Pourquoi prendre pour point de départ une hypothèse? Il était bien plus sage de la vérifier d'abord.

3° Les 40,000 kilogrammes de fumier peuvent être avantageusement remplacés, dit-on, par les substances suivantes :

Phosphate acide de chaux.......	600 kil.
Nitrate de potasse.............	320
Sulfate d'ammoniaque..........	560
Sulfate de chaux..............	380
	2,310 kil.

4° L'avantage, dit M. Ville, est évidemment en faveur de ces dernières en ce qui concerne la facilité de l'emploi, de l'épandage et de l'économie des transports.

5° L'azote des engrais chimiques est assimilable immédiatement : celui du fumier ne l'est qu'à la condition d'une décomposition lente et sujette à des pertes qui s'élèvent à 30 pour 100.

6° L'emploi des engrais chimiques composés de quatre termes permet d'en varier le dosage conformément à la composition des plantes que l'on doit cultiver, en y donnant la prépondérance au terme dont la consommation est plus considérable, terme qu'on appelle dominante.

Nous croyons que ces six propositions résument complétement la doctrine des engrais chimiques telle qu'elle est professée par M. Ville : nous allons donc les examiner successivement et avec attention.

1° Nous n'avons rien à dire sur la première; une fumure de 40,000 kilogrammes de fumier pour deux ans est une bonne fumure ordinaire, bien que dans le Nord on en pratique de plus considérables, ce qui explique les belles récoltes qu'on y fait et que nous avons signalées déjà. Nous ajouterons cependant à ce que nous avons dit à ce sujet la citation d'un passage du *Cours d'agriculture* du comte de Gasparin, tome III, page 413; la voici : « La loi des engrais, à laquelle nous attachons le succès d'une culture énergique et riche, est celle-ci : *fumer chaque plante qu'on cultive au maximum*, c'est-à-dire avec une quantité et une qualité d'engrais telle qu'elle puisse produire, sauf les accidents, la plus forte récolte dont le climat et le sol sont susceptibles. Plus on s'en écartera et plus on éprouvera de ces mécomptes qu'on attribue à une foule de causes et qui proviennent de notre faute.

« Quand nous voulons obtenir un fort poids de l'animal que nous engraissons, nous lui donnons une nourriture proportionnée à ce poids et jusqu'à la limite de ce qu'il peut digérer et s'assimiler : il faut bien que l'on se persuade qu'il en est de même de tous les êtres organisés, et que les plantes ne font pas exception. » Nous avons quelque espoir qu'après cette citation M. Ville renoncera dorénavant à la prétention d'avoir inventé les fumures au *maximum : Suum cuique.*

Que si on ne dispose que de 20,000 kilogrammes de fumier, et que, voulant augmenter le rendement de la récolte, si toutefois l'expérience a prouvé que le sol s'y prête, on y ajoute des engrais chimiques ou bien plutôt des matières brutes fertilisantes dont la quantité et la qualité soient en harmonie avec le résultat que l'on veut obtenir, oh ! alors rien de mieux, et sous ce rapport l'expérience de tous les temps et de tous les lieux promet un succès véritable et permanent à l'agriculteur qui entrera dans cette voie, succès obtenu d'une manière d'autant plus légitime que, si le choix de l'engrais complémentaire et son dosage ont été faits convenablement, on n'aura pas à s'apercevoir plus tard qu'on a appauvri sa terre.

M. Ville a pris pour type de la composition du fumier une moyenne entre les fumiers de Vincennes et de Bechelbronn, d'où il a déduit la composition que nous avons indiquée d'après lui et sur laquelle nous n'avons rien à dire.

2° Nous sommes arrivé maintenant à la question capitale du système de M. Ville. Il affirme, pour la centième fois peut-être, qu'il est inutile de restituer à la terre les matières hydrocarbonées qu'elle nous fournit. Soit, mais où est la preuve? Le fumier de ferme aussi bien que toute autre matière organique sont inutiles, dit-on, d'une manière absolue et ne font qu'encombrer.

Comme tous les hommes à systèmes, M. Ville est rempli d'hérésies dans ses prémisses, et si vous les laissez passer sans vous en apercevoir, vous êtes littéralement pris comme dans un engrenage et forcé d'accepter toutes les conclusions. Est-ce une tactique? A chacun de décider. Poursuivons toujours, car nous n'avons pas vu le plus intéressant.

L'engrais chimique complet, composé de sels minéraux seuls, donne des récoltes *maxima* : il suffit à *tout* et à toujours. Pour M. Ville, c'est une pure illusion d'admettre la nécessité du fumier.

Voilà bien la doctrine de M. Ville réduite à sa quintessence et telle qu'elle déteint sur chaque page de son livre.

Sur quels faits se fonde-t-il pour proclamer la déchéance des matières organiques? Sur ses expériences dans le sable calciné. Il faut voir comment, pages 43 à 47, il expose les résultats successifs des quatre expériences fondamentales de son système : 1° sable calciné pur : 22 grains de blé pesant 1 gramme donnent une récolte pesant 6 grammes ; 2° sable calciné et les dix minéraux, à l'exclusion de la matière azotée : 1 gramme de semence donne 8 grammes de récolte ; 3° sable calciné et matière azotée seule : 1 gramme de semence donne 9 grammes. Laissons la parole à M. Ville :

« Suivez la progression : dans le sable calciné pur 6 grammes; avec les minéraux sans matière azotée 8 grammes; avec la matière azotée seule 9 grammes. Jusqu'à présent nous n'avons pas dépassé, vous le voyez, les rendements les plus rudimentaires : tentons une quatrième expérience qui soit en quelque sorte la synthèse des trois précédentes. Réunissons dans le sable calciné la matière azotée aux minéraux : cette fois, Messieurs, on serait tenté de croire à l'intervention d'un magicien, tant le phénomène contraste avec ceux qui l'ont précédé. Tout à l'heure la végétation était languissante, précaire, étiolée; maintenant les plantes s'élancent plutôt qu'elles ne s'élèvent, les feuilles sont d'un beau vert, la tige droite, ferme, se termine par un épi rempli de bons grains, et la récolte atteint de 22 à 25 grammes. »

On le voit, la mise en scène est habilement préparée pour confondre les hérétiques de l'agriculture; c'est chaud, c'est fulgurant comme un feu d'artifice. Pour que rien n'y manque, et afin de consoler aussi les déshérités qui n'ont pas eu le bonheur d'assister aux conférences de Vincennes et de contempler de pareils prodiges, des photographies reproduites par la gravure nous présentent l'image des petits pots et des grands pots de M. Ville, qui, de la sorte, pourront aller à la postérité. Mais attendez, ce n'est pas tout; à la vue du quatrième et dernier pot (nous demandons pardon de l'expression un peu grotesque, mais enfin c'est le mot consacré par l'usage), l'enthousiasme s'empare du créateur de tant de merveilles, et dans son lyrisme tout scientifique il s'écrie : « Vous le voyez, Messieurs, toujours guidé par l'expérience, qui est notre guide de prédilection, nous avons réussi à produire artificiellement des végétaux à l'exclusion du fumier et de toute substance inconnue. Vous conviendrez que c'est là un fait considérable et fondamental. Plus de mystère, pas de force indéterminée..... Nous sommes donc fondé à dire que le problème de la végétation vient de recevoir là sa solution souveraine. »

Quel aplomb ! La production *artificielle* d'un végétal, à l'aide de produits extraits de matières fertilisantes, n'est pas plus vraie que l'alimentation *artificielle* d'un malade au moyen de l'extrait de viande. C'est absolument, c'est identiquement la même chose; c'est le même phénomène et c'est le même résultat.

Voilà à quoi se réduisent les grandes phrases de M. Ville quand on les examine attentivement.

Les ignorants s'imagineront, d'après cela, que M. Ville est le premier qui ait eu l'idée de confier des semences à du sable calciné, soit pur, soit additionné successivement de certaines substances chimiques, afin d'observer leur action sur la végétation : il n'en est rien. Tous les savants qui ont précédé M. Ville dans la carrière et qui ont voulu se rendre compte des phénomènes qui se passent pendant la germination et l'alimentation végétales ont employé ces procédés, et en ont obtenu des résultats analogues sans y chercher l'occasion d'un grand étalage et d'un bruit aussi assourdissant pour le monde savant que pour le monde agricole, que M. Ville croit peu savant, parait-il, et par suite peu capable de juger sainement des prétendues nouveautés qu'il nous présente.

Quoi qu'il en soit, revenons à la végétation du quatrième pot, dans laquelle un magicien, suivant l'expression bien maladroite de M. Ville, parait être intervenu. De nos jours on ne croit plus guère aux magiciens, et on a bien raison; mais tous les escamoteurs ne sont pas morts, et vraiment M. Ville, au milieu de tous ces pots-là, autorise bien des réflexions; et puisqu'il a parlé de magie, voyons un peu ce qu'il y a dans le sac à la malice.

Eh bien, cette végétation du quatrième pot (page 46), nourrie par l'engrais chimique complet, à l'exclusion de toute substance organique quelconque, et par conséquent sans fumier et sans humus, nous l'avons déjà examinée et nous avons vu ci-dessus qu'en la comparant à celle qu'a produite la pleine terre de Vincennes (planche des pages 46 et 47), elle faisait une triste figure : la différence en hauteur que présentent les deux végétations ne peut s'expliquer que d'une seule manière : dans la pleine terre de Vincennes l'engrais chimique complet s'appuie sur les substances organiques et l'humus contenus dans le sol; privé de ce soutien, l'engrais chimique complet, abandonné à ses propres forces, ne donne plus que des produits inférieurs en quantité et probablement en qualité. A ce sujet, une expérience prolongée serait nécessaire pour savoir si des semences provenant d'une lignée soumise pendant plusieurs générations au régime exclusif des engrais chimiques, ne finiraient pas par perdre leurs qualités prolifères et même aussi à revêtir des signes de dégénérescence ou de maladie. La question est complexe, et il faut penser à tout. Cette réflexion nous paraît d'autant plus judicieuse que, précisément, M. Payen vient de signaler une nouvelle maladie de la betterave, constatée sur les cultures de M. Pluchet, après un emploi des engrais chimiques préconisés par M. Ville. Nous venons de rappeler les résultats de l'examen graphique que nous avons déjà fait des expériences de M. Ville, et cela avec les éléments qu'il nous a fournis lui-même : ce sont des témoins qu'il ne peut plus récuser, heureusement! Mais nous n'avons pas vidé notre sac tout d'un coup, et nous croyons qu'après avoir lu ce qui va suivre, le lecteur, si nous ne sommes pas dupes d'une illusion, pourra bien dire, à magicien magicien et demi. Ce n'est plus à la taille que nous allons mesurer les merveilles de végétation de M. Ville, car après tout les voltigeurs valent les grenadiers; mais c'est au poids, c'est la balance qui va nous servir, et le lecteur va voir que la récolte de l'engrais chimique pur sortira si maltraitée, si aplatie de cette nouvelle épreuve qu'elle n'osera plus se montrer. Espérons-le du moins. Nous commençons par dire que, de même que ce sont les images des végétations produites par le système Ville que nous avons prises pour en comparer les grandeurs, de même aussi ce sont les propres chiffres de M. Ville qui vont nous servir à cette nouvelle démonstration.

Nous rappelons donc qu'à la suite de l'expérience vraiment magique de l'engrais chimique complet pur, ajouté au sable calciné (page 46), une semence composée de 22 grains de blé pesant 1 gramme a produit 22 grammes de matière végétale complète, et voilà le résultat devant lequel M. Ville se pâme d'aise et se grise de gloire. Voyons les choses au fond, au lieu de nous en tenir aux simples apparences et aux hardiesses de la forme. Ici *la semence, aidée de l'engrais chimique complet seul, a reproduit 22 fois son poids de matière végétale.* Prenons maintenant les résultats de l'expérience faite à Vincennes avec engrais chimique complet aussi, mais en pleine terre, c'est-à-dire avec le concours et l'appui de matières organiques et d'humus que, par un oubli inexplicable, on a négligé de constater et de doser, ainsi que nous l'avons déjà fait observer; on nous dit qu'on a eu par hectare :

46 hectolitres de grains pesant... 3,750 kil.
   Paille de la récolte 6,941

L'hectolitre pèse donc $\frac{3750}{46} =$ 81ᵏ50

La paille correspondante pèse $\frac{6941}{46} =$ 151ᵏ00

Total pour le grain et la paille d'un hectolitre............................ 232ᵏ50

A ajouter pour les balles et les chaumes d'un
   hectolitre, 25 pour 100.............. 58ᵏ10

Total de la végétation afférente à un hectolitre................................ 290ᵏ60

Les 46 hectolitres récoltés sur un hectare suppo-
sent donc forcément un total de production végétale
de 46 × 290ᵏ60 = 13,367ᵏ60.

Or, tout le monde sait qu'avec un semoir qui empêche, en partie du moins, les non-valeurs, un hectolitre suffit pour ensemencer un hectare. Un hectolitre de froment pesant 81ᵏ50, semé dans une terre
contenant des matières organiques renforcées d'engrais chimiques, a donc donné lieu à une production
végétale représentant $\frac{13,367}{81,5} =$ 164 *fois son poids.*

L'engrais chimique seul n'ayant multiplié la semence que 22 fois, il reste acquis que la présence
dans le sol de cet humus tant méprisé se traduit
par un développement de récolte $\frac{164}{22} =$ 7,45 fois
plus considérable que celui que l'on obtient sans son
concours. Qu'on atténue ce résultat tant que l'on
voudra en faisant violence aux chiffres, il n'en restera pas moins la constatation d'une victoire éclatante
en faveur des matières organiques et de l'humus, et ce sans sortir des expériences de M. Ville

lui-même. Quelle fantasmagorie ! C'est là cependant ce qu'on a appelé « des expériences sérieuses. »

Nous allons, de plus, pour terminer, tirer le chiffre de rendement rapporté à l'hectare que fournit l'expérience due au magicien. Puisqu'il en résulte que la semence a donné lieu à 22 fois son poids de matières végétales, un hectolitre de froment pesant, comme nous l'avons vu, 81^k5, donnera $81^k5 \times 22 = 1,793$ kilogrammes de matière végétale : le grain y entre pour 22 pour 100 du poids total, soit pour 394^k46. En le convertissant en hectolitres à raison de 81^k50, on arrivera enfin à un rendement de... 4_h84 par hectare, soit 3^h84 en déduisant l'hectolitre employé pour semence.

Voilà au moins d'illustres expériences ! Comment ne pas admirer tout cela ? Comment ne pas prendre au sérieux ce mardi-gras des engrais à côté du carême des récoltes ? Ce n'est vraiment pas cher de demander cent millions de francs à l'État pour réaliser d'aussi vastes combinaisons, et surtout pour faire le bonheur de l'agriculture et contribuer, *scientifiquement*, à l'accroissement de la population.

C'est bien là l'histoire de presque tous les systèmes : une pauvre idée exploitée par une grande ambition. Après tout, il faut bien que les hardiesses de la forme servent à cacher la pauvreté du fond ; c'est tout naturel.

Une récolte au-dessous de quatre hectolitres de froment par hectare, voilà, ô agriculteurs, le rendement de la terre promise dans laquelle le nouveau Moïse veut vous entraîner. Que d'enseignements dans tout cela ! Et comme ces faits prouvent bien que les récoltes apparentes ne sont trop souvent que des tours de force obtenus au préjudice du rendement net. Ce n'est pas, il faut bien le dire, dès le début que ce résultat désastreux se fera sentir ; on y arrivera d'autant plus lentement que le sol sur lequel on opérera sera plus fertile, puisqu'on vivra sur son fonds, au moins en ce qui concerne la matière organique.

La loi des restitutions au sol est inflexible, soit qu'il s'agisse de matières organiques ou de matières minérales, et pour prévenir toute objection nous dirons de suite que, pour ne pas allanguir la démonstration essentiellement pratique que nous venons de donner de la nécessité des engrais organiques et de l'humus, nous n'avons pas parlé aussi de celle de certains minéraux dont, au dire de M. Ville, « les plus mauvaises terres sont surabondamment pourvues » (page 42). Nous reconnaissons donc que, soit par l'apport de ses matières organiques, soit aussi par celui de certains minéraux, tels que manganèse, fer, silice, alumine, chlore, soufre, magnésie, etc., que l'engrais chimique n'a pas fournis, le sol de Vincennes a dû contribuer d'une manière efficace à l'augmentation énorme de récoltes que nous venons de constater.

Nous pourrions encore, en ce qui concerne les fonctions de l'humus en particulier, nous livrer à l'examen des propriétés dissolvantes ou réductrices qu'il manifeste en présence de certaines matières minérales et ajouter de nouvelles preuves à celles que nous avons déjà fournies pour justifier la nécessité de sa présence dans les engrais ; nous pourrions aussi recourir à des citations nombreuses d'opinions où nous n'aurions que l'embarras du choix pour prouver que la nécessité de l'apport des matières organiques dans le sol a été reconnue et professée par les agronomes et les savants les plus éminents ; mais il en faut finir, et nous résumons notre opinion dans les termes suivants :

1° Une terre tenue au régime rigoureux et exclusif des engrais chimiques, en s'appauvrissant de toutes les substances emportées par les récoltes successives et non restituées par les engrais chimiques complets, finira par s'épuiser à un point tel, qu'elle ressemblera au sable calciné ou à quelque chose d'approchant ; c'est alors que de diminution en diminution apparaîtront fatalement, si toutefois les matières fertilisantes apportées par l'atmosphère ne viennent pas atténuer un peu ce résultat déplorable, les récoltes de 3ʰ84 que nous venons de constater d'après les données de M. Ville lui-même.

2° La troisième proposition est une question

d'arithmétique chimique, et nous ne faisons pas difficulté d'admettre les chiffres suivants :

600 kilogrammes de phosphate de chaux du commerce représentent, à 16 pour 100 = 96 kilogrammes d'acide phosphorique.

320 kilogrammes de nitrate de potasse à 46,60 pour 100 représentent bien 149 kilogrammes de potasse, et 44^{k}16 d'azote.

560 kilogrammes de sulfate d'ammoniaque à 21 pour 100 d'azote = 117,60.

830 kilogrammes de sulfate de chaux ou plâtre à 38 pour 100 = 315,40 de chaux.

Ainsi donc il est hors de doute que l'engrais chimique complet que propose M. Ville contient les éléments renfermés dans 40,000 kilogrammes de fumier, en ce qui concerne l'azote, la potasse, la chaux et l'acide phosphorique. Il est bien entendu que c'est sur sa prétention de *complet* que nous faisons nos réserves.

3° Nous admettons encore sans peine que les 2,310 kilogrammes de sels que M. Ville prétend substituer à 40,000 kilogrammes de fumier, ne représentant que le vingtième du poids de ce dernier, coûteront moins à transporter, mais il y a cependant des compensations à opposer.

M. Ville prescrit d'abord, avec raison (page 152), de pulvériser avec soin les divers sels qui composent son engrais, puis vient leur mélange pour en faire une poudre homogène dans toutes ses parties. Quand on veut répandre l'engrais, il faut le mélanger à son poids de terre fine et sèche, ce qui ne peut se faire qu'à la ferme, et dès lors on peut compter que les 2,310 kilogrammes d'engrais pulvérulent vont, par ce mélange, acquérir un poids d'au moins 5,000 kilogrammes, qui n'est plus que le huitième de celui du fumier. C'est le poids qu'il faudra transporter de la ferme sur les terres. Nous ferons observer, en outre, qu'on devra presque toujours pulvériser et passer au crible la terre qu'on voudra mélanger aux sels de l'engrais chimique. On voit que, tout compte fait, l'économie de main-d'œuvre qu'on nous vante pourra bien se réduire à peu de chose : c'est un compte à faire.

De plus, le transport du fumier peut s'opérer par tous les temps : l'engrais chimique exige impérieusement un temps sec, et si, pendant son séjour par petits tas sur les terres, il vient à pleuvoir, adieu l'homogénéité de la fumure. Il arrive souvent que les circonstances météorologiques empêchent de donner les façons convenables à la terre en temps utile. Si on y ajoute encore une nouvelle difficulté concernant l'épandage de la fumure, on peut restreindre tellement la durée de la saison culturale utile, qu'il en résulte un déficit considérable sur la récolte. Cette difficulté n'existe pas pour l'emploi du fumier de ferme. Nous avons vérifié par exemple sur les tables météorologiques, combien, pendant les mois de septembre et octobre 1867, les jours pluvieux ont été nombreux et combien, par suite, la saison a été défavorable aux travaux de semailles des céréales d'automne. Nous renvoyons d'ailleurs à ce que nous avons déjà dit précédemment à ce sujet, et notamment à la citation que nous avons faite des observations fort judicieuses de M. Joigneaux.

4° L'azote du sulfate d'ammoniaque et du nitrate de potasse est-il réellement assimilable immédiatement et dans tous les cas, ainsi que le prétend M. Ville? Et dans l'hypothèse de l'affirmative, cette circonstance doit-elle favoriser le développement des semences confiées à la terre?

Il paraît incontestable que le sulfate d'ammoniaque est facilement décomposable par suite des réactions qui se produisent dans le sol, lorsque celui-ci est suffisamment pourvu de carbonates terreux; mais il résulte des expériences qui ont été faites jusqu'ici, que son action est souvent nulle sur les terrains silico-argileux; or, telle est précisément la grande majorité de nos terres arables en France. Et pour ne citer au passage qu'un fait tout récent, le sulfate d'ammoniaque vient d'essuyer un échec complet sur la terre de Lorfrazière, appartenant à M. Manuel, comte de Gramédo. Dans tous les cas, l'action de ce sel ne s'étend pas à la deuxième récolte. Est-ce donc une propriété si précieuse et si enviable que cette décomposition si rapide du sulfate d'ammoniaque confié à la terre? Cela dépendra des intempéries et de la configuration du sol.

Cette sensibilité si grande devrait en faire un engrais de renfort pour une végétation attardée, plutôt qu'un engrais de départ. Que ce produit soit, dans l'état actuel des choses, un utile auxiliaire entrant pour 8 à 10 pour 100 dans l'azote total d'une fumure, rien de mieux, si le sol est franchement calcaire; mais vouloir en faire la base principale d'une fumure, dans tous les cas, c'est une idée absurde, et les faits, les résultats obtenus sont là pour le prouver. Une sécheresse prolongée ou des pluies diluviennes peuvent annuler son action, et par suite compromettre la récolte. Si cependant cette action se fait sentir, elle se développe tout d'abord avec une activité fiévreuse qui, dépensant toute sa force en faveur de la végétation *herbacée*, se trouve épuisée au moment décisif, celui de la fructification; aussi est-il reconnu que le sulfate d'ammoniaque donne plus de paille que de blé. C'est pour cela que l'expérience a consacré d'une manière toute spéciale la réussite du sulfate d'ammoniaque sur les prairies, et c'est cependant exclusivement au blé que le consacre M. Ville, par la raison que la plupart des questions et des faits de pratique agricole lui sont à peu près inconnus.

Nous devons, à ce propos, mentionner un fait dont la constatation ne saurait être inutile. Nous venons de dire que l'emploi du sulfate d'ammoniaque sur les céréales était une faute, parce qu'il poussait surtout à la végétation herbacée, au lieu de faire du grain, et qu'il exposait ceux-ci à la verse. Cependant, plusieurs agriculteurs distingués de notre connaissance ont fait prédominer le sulfate d'ammoniaque employé au printemps, en couverture, sur des céréales d'automne, et ils ont parfaitement réussi.

Le fait est impossible à nier, et l'anomalie n'est qu'apparente. En allant au fond des choses, voici ce que nous avons constaté : le fait que nous venons de signaler s'est produit chez des agriculteurs qui, depuis longtemps, emploient le guano du Pérou à doses assez élevées; or, il est certain que l'apport en phosphates, au moyen de ce produit, est considérable, et qu'il dépasse bien souvent les besoins de la récolte. Les années se succédant, l'apport a augmenté, et dès lors il peut suffire de fournir de l'azote seul pour avoir réellement de bons résultats; mais ici il est sage de se défier des apparences, car si le même mode de fumure se prolongeait trop longtemps, on produirait infailliblement l'effet inverse.

Donc le sulfate d'ammoniaque n'est pas là le seul agent actif, et il faut y réfléchir si l'on veut éviter de prendre l'apparence pour la réalité. Malheureusement on fait bien plus d'agriculture par tâtonnement que par raisonnement.

Les engrais trop solubles, trop rapidement assimilables, offrent en outre le grave inconvénient de fournir à la jeune plante une surabondance d'alimentation qui dépasse ses besoins réels et qui contribue souvent à l'énerver, à la fatiguer aux dépens de son développement normal. Plus tard, lorsqu'elle est plus apte à s'assimiler les substances qui lui sont nécessaires, celles-ci ont follement dépensé leur action au début, et alors les plantes souffrent par une cause inverse, l'alimentation est insuffisante, la fructification s'opère dans de mauvaises conditions et la récolte est compromise. C'est ce que nous venons de constater *de visu* dans Seine-et-Marne, chez M. Teyssier des Farges, et en recueillant également les témoignages de plusieurs agriculteurs qui, au lieu des récoltes bibliques annoncées par M. Ville, n'ont récolté que des déceptions.

5° La sixième proposition n'est pas susceptible de controverse : tout le monde tombera d'accord qu'avec les engrais chimiques, il est facile de varier le caractère des engrais de manière à en assortir la composition aux récoltes qu'on veut obtenir et à la nature des terres qui doivent les porter. Les choses ne se passent pas autrement dans l'industrie des engrais, et aucun des agriculteurs de progrès n'a attendu sur ce point les prédications de M. Ville pour mettre à profit l'expérience de leurs devanciers. Les mélanges de divers engrais se pratiquent depuis un temps immémorial.

Cette expérience agricole a démontré depuis longtemps que, soit pour suppléer à l'insuffisance du fumier, soit pour rendre plus efficace et plus grande son action, soit enfin pour corriger une mauvaise influence de certaines terres rebelles, on devait faire

usage d'agents et de moyens spéciaux : amendements, chaulages, résidus industriels, déchets de
matières végétales et animales, ou enfin des matières
salines, potassiques ou magnésiennes, selon les cas.

La marne qui désacidifie les terrains, la chaux vive
qui produit le même effet, tout en accélérant la décomposition des matières organiques et des silicates
du sol, les argiles apportées sur les sables, et les
sables répandus sur les terres argileuses, voilà des
amendements connus de toute antiquité et dont
l'action, quoique d'une nature différente, a toujours
dû s'ajouter à celle du fumier sans avoir la prétention de le remplacer.

Le fumier lui-même a-t-il paru être en quantité
insuffisante et a-t-on voulu augmenter son volume
et sa richesse? On lui a adjoint, en mélange, d'autres fumiers faits comme lui avec des substances végétales, pailles, feuilles des bois, buissons, mauvaises
herbes, fougères, ajoncs, bruyères, genêts, algues
marines, tannée, tourbe, boues de ville, tourteaux
de graines oléagineuses, le tout mis à fermenter
avec des animaux morts, des déchets de boucherie,
des fientes d'oiseaux ou des déchets de laine et de
cuirs, d'écharnure de tannerie, etc., tout cela arrosé
avec les matières fécales, les urines, les bouillons
de matières animales sans valeur, et même avec de
l'eau. Les plus zélés et les mieux avisés ont encore
employé ces fumures à produire des récoltes qu'ils
ont enfouies en vert : le lupin, sous le rapport d'en-

grais vert, jouait déjà, sous l'agriculture romaine, le rôle qu'il remplit encore dans notre agriculture méridionale; le trèfle, la navette, le colza, le sarrasin, etc., remplissent le même rôle dans notre agriculture du Nord.

A-t-on voulu employer des matières minérales et salines pour accélérer l'action du fumier, ou même y faire prédominer certaines substances plus nécessaires que d'autres à la prospérité des récoltes que l'on veut faire produire au sol? On a eu recours à la poudre d'os, aux noirs de raffinerie, qui ont fourni des phosphates : les charrées en ont fourni aussi, ainsi que du carbonate de chaux, et les cendres vives y ont ajouté des alcalis, et notamment de la potasse. Enfin, personne n'ignore combien l'emploi du guano s'est répandu en Europe depuis une trentaine d'années qu'on l'y a fait connaître; le nitre ou salpêtre lui-même était conseillé par Virgile pour servir à améliorer la germination des graines et en améliorer les produits [1].

---

1.   Semina vidi equidem multos medicare serentes,
     Et nitro prius et nigra perfundere amurca,
     Grandior ut fetus siliquis fallacibus esset.
          (*Géorgiques*, 1er livre, 193e vers et suivants.)

Des légumes souvent l'enveloppe infidèle
Déguise la maigreur des fruits qu'elle recèle.
Pour qu'ils soient mieux nourris et pour rendre le grain
Plus prompt à s'amollir en bouillant dans l'airain,
J'ai vu dans un marc d'huile et dans une eau nitrée
Détremper la semence avec soin préparée.
          (*Traduction de* DELILLE.)

Ainsi donc on a connu, depuis les temps historiques, la manière d'utiliser et de mettre à profit les substances végétales, animales et minérales qui sont généralement à la disposition des cultivateurs, pour augmenter la quantité de fumier de ferme des exploitations, ou en modifier les propriétés en vue d'un résultat déterminé à obtenir, en même temps qu'on a reconnu l'utilité incontestable de mélanges raisonnés qui permettent de compléter, les uns par les autres, les différents produits mélangés. Donc il n'y a pas là une propriété spéciale inhérente aux engrais chimiques, comme le prétend M. Ville. Des expériences variées ont démontré le parti qu'on pouvait tirer aussi des sels minéraux proprement dits, et nous avons déjà prouvé, car notre auteur, par ses continuelles répétitions, nous entraîne bien malgré nous dans des redites, nous avons prouvé, disons-nous, que M. Ville, en voulant créer la doctrine des engrais chimiques, n'avait fait que profiter du travail des expérimentateurs qui l'ont précédé, mais dont il a eu soin de taire les noms. Là où il a été vraiment original et unique dans son genre, ça été de prétendre qu'ayant réussi à produire artificiellement des végétaux à l'exclusion du fumier et de toute matière inconnue, il pouvait proclamer sans appel *la déchéance et l'inutilité absolue du fumier dans la pratique agricole*. On vient de voir ci-dessus, page 192, le résultat final auquel conduirait l'adoption de son système *à lui*.

* **

Mais, dira-t-on, s'il y a effectivement quelque chose d'excessif dans le système des engrais chimiques de M. Ville, il faut convenir que l'emploi combiné des sels minéraux avec le fumier donne parfois de très-beaux résultats et dans tous les cas bien supérieurs, quant au produit brut et quant au produit net, à ceux qu'ont obtenus de célèbres et savants agriculteurs. Ces messieurs, dira-t-on, au lieu de s'en tenir à l'introduction de la culture des plantes dites améliorantes et à une certaine pondération dans l'ordonnance des assolements, auraient dû attirer l'attention des agriculteurs sur l'avantage que l'on trouve à augmenter la richesse des fumiers et à en modifier les propriétés par l'adjonction de certaines substances minérales, dont l'emploi fait à propos augmente les récoltes d'une manière remarquable; cela paraît résulter au moins des raisonnements que produit M. Ville (pages 71, 72, 105, 106, 127, 128, 129).

Certes nous n'avons pas la prétention de prendre la défense de Mathieu de Dombasle et de M. Boussingault, car ce sont eux que M. Ville met en cause: leurs œuvres suffisent à ceux qui les connaissent et qui sont en état de les apprécier pour les préserver de toute atteinte; mais qu'on nous permette seulement quelques observations que voici ; elles sont en quelque sorte chronologiques :

1° A quelle époque M. Boussingault s'est-il livré aux laborieuses et consciencieuses expériences qui font la substance de son *Économie rurale*, ouvrage où tous ceux qui se sont occupés de chimie agricole ont puisé à pleines mains à peu près tout ce qu'ils savent, à commencer par M. Ville lui-même?

Il y a plus de trente ans que ces expériences ont été faites, et que des conséquences en ont été déduites, ainsi qu'en peuvent témoigner les publications scientifiques de cette époque, et les *Annales de physique et de chimie* en particulier. Au surplus, qu'on relise l'exposition qui précède le tableau de la valeur comparée des engrais, pages 114 et 115, deuxième volume de la deuxième édition de l'*Économie rurale*, tableau dû à la collaboration de MM. Boussingault et Payen, et on tirera de cet exposé les conséquences que voici :

Ces deux savants, tout en ayant professé la nécessité de la présence des substances azotées dans les engrais, avaient reconnu, dès 1837, que les sels alcalins et terreux étaient indispensables au développement de la végétation.

2° En 1840, lorsqu'ils publièrent le tableau des équivalents chimiques des engrais présentant la richesse en azote de cent trente substances végétales, animales et minérales, il n'existait pas une seule analyse d'engrais, et si on n'y avait déterminé que l'azote, c'était parce qu'il fallait bien commencer.

3° « Un élément nouveau a été introduit depuis lors, l'acide phosphorique, afin de pouvoir comparer les matières fertilisantes au fumier de ferme, sous le rapport des phosphates ; mais si, à cet égard, le tableau reste encore incomplet (en 1851), c'est que le dosage de l'acide phosphorique est bien moins rapide que celui de l'azote. Au reste, il est dans l'essence des données numériques de se perfectionner avec le temps ; il y a donc lieu d'espérer que d'ici à quelques années l'analyse apportera, dans les équivalents des engrais, d'importantes rectifications. »

De combien de bon sens et de modestie témoignent ces quelques lignes !

Ainsi donc, les sels minéraux étaient bien dès lors considérés comme d'utiles et indispensables adjuvants d'une végétation normale, et il ne pouvait en être autrement, si l'on veut bien se reporter aux pages ci-dessus, où nous avons signalé l'époque de l'apparition de chacun d'eux sur la scène agricole. Mais pour que l'utilité reconnue d'un corps puisse passer du domaine de la science dans celui de la pratique, il faut remplir deux conditions indispensables : l'opération doit présenter un bénéfice assuré en produit net, et le corps dont on veut introduire l'usage doit être assez abondant pour qu'on n'ait pas à craindre qu'il vienne à manquer à la consommation, ce qui, par suite, rendrait son prix excessif et l'opération ruineuse. Eh bien, prenons le sulfate d'ammoniaque, par exemple : où en étaient donc les sources en 1840, et un agronome consciencieux pouvait-il à cette époque conseiller aux agriculteurs de baser leur système de culture sur l'emploi de ce sel? Évidemment non ; d'autant plus que le résultat des expériences faites en 1847, rapporté page 100 (*op. cit.*), n'avait pas été encourageant : l'accroissement de récolte obtenu au moyen du sulfate d'ammoniaque avait été nul pour le froment, et celui de dix hectolitres, obtenu sur la sole d'avoine, avait à peine couvert la dépense supplémentaire qui avait été faite en sulfate d'ammoniaque. M. Kulhman avait tiré une conclusion semblable du résultat de l'application de ce sel sur les prairies (pages 92 et 93).

Depuis lors, on s'est mis à retirer le sulfate d'ammoniaque des eaux vannes fournies par les vidanges, et les Compagnies d'éclairage au gaz, de leur côté, au lieu de faire perdre leurs eaux d'épuration, se sont mises aussi à en extraire ce sel. Voilà donc deux sources nouvelles de production qui peuvent, jusqu'à un certain point, donner confiance aux agriculteurs qui voudront employer le sulfate d'ammoniaque, dont le prix cependant vient déjà de subir une augmentation de plus de 40 pour 100. Mais ce n'est pas tout : à cette époque, les conditions dans lesquelles on pouvait employer le sulfate d'ammoniaque avec succès n'étaient pas bien définies, et aujourd'hui encore on ne peut dire que la question soit résolue. En 1851, M. Boussingault déclare lui-même qu'à côté d'un succès il a obtenu un résultat négatif, et depuis lors la science elle-même n'est pas sans hésitation à ce sujet, puisque M. Liebig conteste l'utilité des sels ammoniacaux dans des circonstances analogues à celles que nous venons de signaler il y a quelques instants.

M. Kuhlman, appelé à donner son avis sur l'emploi de ce sel en agriculture, dit que ses expériences agronomiques l'ont conduit à conclure, en ce qui concerne ces produits, « qu'au bout d'un certain nombre d'années il n'y a plus qu'une végétation fébrile, mais pas d'assimilation de ce qu'il faut pour faire la charpente solide et la graine. » (*Enquête sur les engrais industriels*, tome 1er, page 265.) D'autre part, il paraît résulter des dépositions faites à la même enquête que le sulfate d'ammoniaque employé pour la culture des betteraves donne des résultats de tous points semblables à ceux qu'on obtient avec du guano employé en même quantité : 300 kilogrammes par hectare (même Enquête, page 155). Qu'on nous permette une observation à propos de cette déposition, observation qui aurait dû être faite par l'un de Messieurs les commissaires, séance tenante.

Que sur une terre en très-bon état on obtienne de prime abord et à ses dépens, comme c'est ici le cas, deux récoltes de betteraves semblables, au moyen des 300 kilogrammes de sulfate d'ammoniaque d'un côté, et de pareille quantité de guano de l'autre, nous le comprenons; mais si l'on veut continuer le même régime, c'est autre chose. En effet, les 300 kilogrammes de sulfate d'ammoniaque ne peuvent apporter à la terre que 63 kilogrammes d'azote, tandis que l'apport de 300 kilogrammes de bon guano se composera de 40 kilogrammes azote, 46 kilogrammes d'acide phosphorique, 23 kilogrammes de sels alcalins et 150 kilogrammes de matières organiques. Avec le guano, on aura à la vérité 23 kilogrammes d'azote de moins, mais on aura l'acide phosphorique et les sels alcalins en plus, qui manquent complétement dans l'apport du sulfate d'ammoniaque seul. (Nous devons être impartial, aussi bien en ce qui concerne le guano du Pérou que tous les autres produits.) Il paraît résulter d'expériences faites en Angleterre que, sur une récolte de turneps, le sulfate d'ammoniaque est resté à peu près sans action utile. En nous résumant, nous pouvons donc dire, en ce qui concerne le sulfate d'ammoniaque, tant sous le rapport du prix que sous celui de l'importance de sa production, qu'on ne pouvait, il y a trente ans, songer à le considérer comme une source sérieuse de fertilité, et qu'en outre, même aujourd'hui, les agronomes et les agriculteurs ne sont pas encore parvenus à asseoir un jugement bien motivé. Il est entendu que nous parlons ici au point de vue de l'azote total d'une fumure sous la forme de sulfate d'ammoniaque, comme l'entend M. Ville.

Nul doute que si le prix de ce sel, au lieu de s'élever, venait au contraire à baisser, son emploi comme source d'azote, s'élargissant, donnerait lieu à de nombreuses expériences, à la suite desquelles une doctrine éclairée finirait par s'établir au sujet de sa valeur agricole et de la constatation exacte des circonstances diverses qui peuvent nuire à son action ou la favoriser ; mais nous n'en sommes pas là.

Si nous abordons la question de l'emploi des nitrates, nous ne la trouverons pas plus avancée que celle du sulfate d'ammoniaque.

Le nitrate de potasse, reconnu favorable à la végétation comme source d'azote et de potasse, n'a pu, pendant bien longtemps, descendre à un prix qui permît de l'employer en grand dans la pratique agricole. Aussi M. Boussingault a-t-il dit, page **74** du volume cité ci-dessus : « Les avantages du nitrate de potasse fussent-ils même parfaitement établis, que le prix assez élevé de ce sel s'opposerait probablement à son usage. »

Il est clair que quand tout était à faire en chimie agricole, on s'occupait du plus pressé, c'est-à-dire des substances qui, en raison de leur prix, de leur abondance et de leur efficacité, étaient déjà entrées dans la consommation habituelle.

A l'époque où M. Boussingault écrivait les lignes qu'on vient de lire, le nitrate de potasse s'extrayait encore des matériaux salpêtrés, et il valait alors de 110 à 120 francs les 100 kilogrammes. Aujourd'hui il ne coûte plus guère que la moitié, 64 francs, grâce aux indications de la science, qui ont fourni le moyen d'obtenir ce produit beaucoup plus économiquement par la double décomposition du nitrate de soude de l'Inde et du chlorure de potassium extrait de l'eau de la mer. On ne fait pas les circonstances, et ce qu'on aurait pu dire il y a cinquante ans de l'emploi agricole du salpêtre n'aurait eu qu'une utilité bien secondaire, puisque, économiquement, son emploi était alors impossible.

Mais voyez avec quelle légèreté M. Ville sait prendre parti dans les questions les plus sérieuses. Dans le *Résumé de ses conférences*, publié en 1866, M. Ville cote toujours le nitrate de potasse au prix ancien, 120 francs, bien qu'à ce prix l'emploi agricole du produit ait été jugé économiquement impossible. Ajoutons en outre que ce prix de 120 francs montre combien M. Ville est au courant des choses desquelles il parle, et avec quelle négligence il prend ses renseignements. C'est nous qui lui avons appris le cours commercial de 65 francs, et depuis lors il a remanié toutes ses formules, qui nous font l'effet d'autant de girouettes tournant à tous les vents. Comme c'est rassurant tout cela !

Le nitrate de soude, lui, commence à devenir d'un prix plus abordable, et il y a déjà plusieurs années que les agriculteurs anglais l'emploient pour les prairies ; cependant, dans sa *Chimie appliquée à l'agriculture*, M. Malaguti dit que le prix des nitrates est trop élevé pour que l'usage s'en généralise en France. Le nitrate de soude valait encore 40 et 45 francs les 100 kilogrammes en 1850. Aujourd'hui il ne coûte plus que 36 à 38 francs. Si, lors de l'enquête sur les engrais, un agriculteur a déclaré s'en bien trouver pour les blés, il faut dire aussi que M. Bella, directeur de Grignon, a annoncé dans la même enquête qu'il avait essayé des nitrates à plusieurs reprises, et qu'il avait « obtenu immédiatement un grand développement *herbacé* et ultérieurement une verse très-rapide du blé. »

On voit donc que la pratique n'est pas encore fixée, aujourd'hui même, sur l'avantage qu'on peut retirer de l'emploi du nitrate de soude au moins en ce qui concerne son influence sur le blé. A plus forte raison ne l'était-elle pas il y a trente ans, et dans son *Économie rurale*, tome deuxième, page 75, M. Boussingault cite une expérience de M. Barclay, qui, à l'instar de ses voisins, a fait l'essai du nitrate de soude : la récolte de froment s'en est trouvée augmentée de 4 hectolitres 75 par hectare, mais la qualité inférieure a fait que « l'usage du nitrate n'a procuré aucun avantage commercial. » Voilà où l'on en était en 1842, et l'on conviendra qu'il eût été peu consciencieux de pousser les agriculteurs dans une voie aussi hasardeuse. Aujourd'hui les conditions économiques sont changées à l'égard de tous ces produits. Peu à peu la lumière se fera, nous l'espérons du moins, et si les prix des nitrates s'abaissent, ils pourront entrer comme compléments utiles et améliorateurs du fumier de ferme, mais *jamais* comme apport unique et exclusif des fumiers, ainsi que M. Ville le prétend. Quant au reproche indirect qu'il a formulé contre Mathieu de Dombasle, ainsi que quelques-uns des orthodoxes de la foi nouvelle, en parlant dédaigneusement « de la vieille école, » nous prions M. J. Rieffel, le savant directeur de Grand-Jouan, de répondre pour nous : « Si l'on pouvait traduire en chiffres les richesses que la vie de Mathieu de Dombasle a fait surgir en France, on arriverait à des centaines de millions. Il n'y a pas beaucoup d'hommes dont on en puisse dire autant. »

*
* *

Ce que nous avons dit pour les sels ammoniacaux et les nitrates peut s'appliquer en grande partie aux phosphates pour lesquels une difficulté particulière existait. Le phosphore, bien que répandu partout dans la nature, n'y est généralement qu'en très-petite quantité dans chaque corps en particulier. Nous disons que le phosphore existe partout dans la nature, et effectivement, partout où un animal ou un végétal quelconque existe, il porte dans son organisme du phosphore combiné qui n'a pu lui être

fourni que par ses aliments, qui à leur tour le tirent
médiatement ou immédiatement du sol.

La petite proportion dans laquelle existe le phosphore dans la plupart des corps d'origine minérale
a fait que pendant longtemps les chimistes n'en ont
pas fait la recherche, et que ce n'est qu'assez
tard que les réactifs propres à en déceler la présence ont été découverts. La même difficulté était
encore plus grande en quelque sorte pour rechercher
le phosphore dans les végétaux, qui sont d'une composition très-compliquée, puisqu'ils contiennent
généralement quatorze corps élémentaires. Aussi
bien M. Boussingault, il y a déjà longtemps, se
plaignait-il, comme nous l'avons vu, de la longueur et
de la rareté des analyses chimiques ayant la recherche
du phosphore pour but : elles aboutissent effectivement à des résultats qui se chiffrent par des quantités infinitésimales. L'éminent chimiste-agronome
disait encore : « Ainsi la présence constante des
phosphates dans les cendres des végétaux m'a fait
écrire à une époque déjà éloignée que si, dans les
résultats de leurs analyses des terrains, les chimistes
n'avaient pas signalé ce genre de sels, c'est parce
qu'ils ne les avaient pas recherchés. Depuis lors on
a rencontré l'acide phosphorique dans un grand
nombre de roches, dans tous les sols. » (Page 79,
op. cit.)

Quand enfin on eut constaté la présence du phosphore dans les végétaux et par suite la nécessité de

sa restitution au sol qui l'avait fourni, il fallut encore bien des expériences pour arriver à connaître sous quelle forme le phosphore devait être administré pour être assimilé, et cela en distinguant les différentes natures de sol auxquelles on avait affaire. Et quand nous signalons la nécessité de la faculté d'assimilation que doivent posséder les substances destinées à la nutrition des végétaux, qu'on nous permette une citation dont la conclusion est tellement conforme à la doctrine que nous défendons qu'on dirait qu'elle a été formulée tout à point pour nous venir en aide. « L'analyste qui méconnaît ces grandes et belles lois providentielles et qui ne distingue pas, *en principe*, l'azote de la substance organisée de l'azote d'une combinaison ammoniacale; le chimiste qui, *dans l'application*, se préoccupe *exclusivement* de la richesse en azote, celui-là ne fait ni de la science ni de la logique, mais de l'empirisme bien propre à compromettre la science auprès des masses dont il offense le gros bon sens. » (Bobierre, *L'atmosphère, le sol et les engrais*, page 203.) Qu'en pense M. Ville?

Mais revenons à l'acide phosphorique : ajoutons à ce que nous avons déjà dit qu'il fallait aussi, pour que son importance fût mise en évidence, qu'un hasard providentiel vînt démontrer l'utilité du noir de raffinerie à Nantes même, à la porte de la Bretagne qui devait en retirer bientôt un immense profit, et cela en même temps que la fabrication du sucre de betteraves prenait un développement considérable et augmentait par conséquent démesurément la fabrication du noir, dont on ne savait plus que faire quand il avait servi à la clarification des sucres.

La réussite des noirs de raffinerie attira tout naturellement l'attention des agriculteurs et des savants sur l'importance des phosphates, et fit hausser le prix des résidus de fabrication qui en contenaient. C'est alors qu'on en fit la recherche dans le sol même, et que des gisements de coprolithes furent signalés au monde agricole, grâce surtout aux efforts persévérants et trop peu récompensés de M. de Molon, qui, en décembre 1856, présenta un mémoire à l'Académie des sciences sur ce sujet. Leur exploitation entreprise sur différents points empêcha leur prix de devenir exagéré, et c'est ainsi qu'on a fini par s'habituer à s'occuper tout autant de phosphates que de nitrates ou de sels ammoniacaux : mais, au point de départ, il ne pouvait évidemment en être de même.

Donc cette vieille école si maltraitée par M. Ville est de beaucoup au-dessus de sa personne et de ses appréciations.

* *
*

Nous arrivons enfin aux alcalis qui, à l'état de sels, ont toujours été trop chers pour pouvoir entrer dans la consommation agricole. On y a suppléé tant qu'on l'a pu, par l'emploi des cendres de bois, qui, de tout temps, ont été fort recherchées pour cet usage. Quant à la potasse proprement dite (carbonate de potasse), on en fabrique avec les résidus de distillerie; nous avons déjà vu que M. Boussingault en a signalé l'emploi il y a quinze ou vingt ans; mais ce produit coûte encore 75 à 80 francs les 100 kilogrammes.

Les roches feldspathiques contiennent aussi de la potasse à l'état de silicate, mais en quantité assez faible pour que le prix du transport de la matière brute ne restreigne pas considérablement la zone agricole dans laquelle elle peut être employée.

De nouvelles sources de potasse, inconnues autrefois, ont été révélées depuis peu d'années, et l'agriculture pourra, il faut l'espérer, les mettre à profit. Ce sont d'abord les sels de potasse et de magnésie provenant de la concentration des eaux mères des marais salants de la Méditerranée, ainsi que nous l'avons déjà dit; ces sels y sont à l'état de sulfates et de chlorures; ils commencent à entrer dans la consommation agricole. Une autre source s'est révélée à l'Est, près de Magdebourg (Prusse); mais leur prix élevé les empêche encore de franchir la frontière.

Les sels de la Méditerranée ont déjà, sur notre recommandation, été employés avec succès depuis six ans; mais il reste encore un pas à faire, et c'est à la science qu'on le demande : il faudrait convertir les chlorures et les sulfates, dont l'action est encore assez mal définie, en carbonate, dont les conditions d'assimilation sont bien connues.

Nous voilà arrivé aux termes de la revue rétrospective que nous devions faire de l'historique de l'emploi agricole des sels purs qui composent l'engrais chimique complet de M. Ville. Il en résulte bien clairement qu'il y a vingt à trente ans, soit sous le rapport de leur prix, soit sous celui de leur abondance, il eût été déraisonnable de les conseiller à la pratique agricole. Un autre motif impérieux venait s'ajouter aussi à ceux que nous avons exposés pour déconseiller l'emploi des engrais salins; les moyens de transports économiques manquaient à peu près dans toutes les directions; les chemins de fer commençaient seulement à naître, et leur création a rendu possible l'emploi de bien des produits utiles que les anciens prix de transports n'auraient pu permettre de réaliser.

En résumé, en se pénétrant des faits et des considérations qui précèdent, et qui résument l'état des connaissances et des ressources de la chimie agricole telle qu'elle existait il y a trente ans, on pourra se demander si c'est de bonne foi que M. Ville a pu déverser la critique sur les œuvres de ses devanciers.

Qu'on cesse donc de dénigrer les travaux des savants qui nous ont précédés dans la carrière, quand ce sont eux qui, en définitive, ont frayé les voies en fournissant à l'agriculture les données positives qu'ils ont ainsi substituées à un empirisme grossier.

Si dans ce que nous venons de dire nous avons eu plus particulièrement en vue l'exploitation dirigée sous l'influence du savant professeur de chimie agricole du Conservatoire, il est clair que Mathieu de Dombasle et tous ceux qui l'ont précédé ou suivi dans l'apostolat ne peuvent être atteints par la critique malveillante, non pas du premier, mais du dernier venu.

*
* *

Après avoir comparé les engrais chimiques au fumier sous le rapport des éléments de fertilité que contiennent les uns et les autres, M. Ville veut aussi les mettre en comparaison sous le rapport du prix de revient, et il nous cite, avec un peu de timidité, il est vrai, le fumier confectionné à Thier-Garten (Bas-

Rhin), dans l'exploitation agricole de M. Schattenmann, et dont le prix se monte, d'après la comptabilité, à la somme incroyable de 26 francs 17 centimes
les 1,000 kilogrammes. Nous voilà joliment loin du
prix de revient constaté à la ferme de Masny. Combien tous ces écarts sont déplorables! Quand donc
les agriculteurs seront-ils d'accord sur un point
aussi fondamental? En attendant, signalons ce fait
qu'en homme prudent, M. Ville a eu bien soin de ne
mettre ses produits en comparaison qu'avec un fumier estimé à un prix impossible. Un tel prix serait
effectivement bien fait pour convertir les agriculteurs à la doctrine des engrais chimiques, car à ce
taux, la fumure de 40,000 kilogrammes que M. Ville
regarde comme normale, se monterait à plus de
1,000 francs par hectare et pour deux ans seulement; mais personne ne sera dupe de ce petit stra-
tagème, et on se rassurera en pensant qu'on pourra
très-probablement, avec un peu de prudence, se
soustraire à la catastrophe inexpliquée qui a fait
porter au débit du fumier de cette exploitation la
bagatelle de... 9,024 francs 90 centimes *pour perte
sur les comptes des bœufs, des vaches et des porcs.*
Voilà du moins une manière commode d'enfler les
chiffres aux dépens de ce pauvre vieux fumier qui
n'en peut mais; et afin que le lecteur ne s'imagine
pas que notre imagination a été surprise, nous copions textuellement ici le compte que l'on trouvera
en original à la page 99.

Prix de revient du fumier à la ferme de Thier-Garten
(Bas-Rhin).

Doit :

74,071 kil. de paille pour litière à 6 fr. 15 les 100 kil..........	4,544f90
492 kil. emploi d'acide phosphorique liquide à 30 fr. les 100 k.	147f60
Bottelage et transport de paille pour litière................	100f15
2,375 kil. emploi de coprolithes à 5 fr. 75 les 100 kil.........	135f40
Vidanges des latrines..........	10f00
Arrosage du fumier...........	53f75
Chargement et transport du fumier.....................	988f90
Remplissage des tonneaux de purin.....................	57f85
Pertes sur le compte des bœufs....	3,447f60
— *vaches*..	4,722f25 } 9,024f90
— *porcs*...	855f05
	15,069f45

Avoir :

300 tonneaux de purin à 2 fr. 15 l'un......................	645f00
551 tonnes de fumier à 26 fr. 17.	14,424f45
	15,069f45

Vous voyez, lecteur, qu'il fait bon d'y regarder de près derrière les chiffres de M. Ville.

Si l'on supprime cette perte inconcevable qui embrasse tous les animaux de la ferme, le prix du fumier retombe à 11 francs les 1,000 kilogrammes; le même prix de 11 francs résulte d'un compte d'engraissement de 800 moutons chez M. Cavalier.

Cependant M. Ville finit, on ne sait trop pourquoi, par compter le fumier à raison de 15 francs les 1,000 kilogrammes.

Si cependant il eût bien voulu jeter les yeux sur les pages 677 et suivantes du premier volume du *Cours d'agriculture* du comte de Gasparin, il y aurait trouvé huit comptes de revient du fumier. Les quatre premiers concernent le fumier de l'espèce ovine; si l'on en fait la moyenne, on trouve pour le prix des 1,000 kilogrammes 13 francs 40 centimes; mais le triomphe de M. Ville ne sera pas long, car ce fumier analysé contient 1^k10 d'azote par 100 kilogrammes, c'est-à-dire près de trois fois plus que le fumier normal, ce qui en réduit le prix du quintal métrique à un peu moins de 4 francs (3 fr. 80 c.).

Vient ensuite un compte de fumier de vaches fourni par le comte d'Angeville, où le prix est de 5 francs 80 centimes les 1,000 kilogrammes, et un compte d'engraissement de bœufs où le fumier ne coûte rien et laisse même encore 32 francs 50 centimes de bénéfice.

Pour nous résumer sur ce point, nous avons vu (page 144) que le fumier de M. Fiévet, à Masny, ne lui revient qu'à 6 francs. Il est certain que si nous avions sous les yeux les comptabilités des lauréats de la prime d'honneur dans les départements de l'empire, nous n'aurions que l'embarras du choix pour prouver que partout les fumiers ne coûtent guère que 12 à 15 francs les 1,000 kilogrammes, selon les conditions économiques de chaque région agricole. Il résulte donc de tout ceci que dans une exploitation bien conduite, le fumier fournit l'azote, l'acide phosphorique et les alcalis à bien meilleur compte que les engrais chimiques proposés par M. Ville pour le remplacer, et qu'en outre l'état dans lequel existent chacun de ces produits dans l'engrais de ferme l'emporte de beaucoup sur l'emploi exclusif des quelques sels préconisés par M. Ville avec une légèreté impardonnable. Mais le prétendu réformateur n'a que de la pitié pour tout ce qui ne sort pas de son officine. Cela nous met même dans l'obligation de constater qu'aujourd'hui M. Ville fait annoncer qu'il vient de découvrir de nouvelles sources de sulfate d'ammoniaque dans les produits naturels (acide borique) que donnent les *lagoni* de la Toscane. S'il peut y parvenir, nous y applaudirons de grand cœur, car nous croyons que dans l'hypothèse d'une réussite sérieuse, cela pourrait rendre réellement service aux intérêts agricoles ; mais nous ferons deux petites remarques : c'est qu'il n'était pas absolument nécessaire de mettre en scène l'exploration des volcans pour dire tout simplement qu'il y avait du sulfate d'ammoniaque dans les eaux-mères des lagoni, et qu'enfin M. Ville devrait se rappeler d'abord des engagements pris, *publiquement*, au sujet de la maladie des pommes de terre,

13.

qu'il paraît connaître intimement dans sa cause, puisqu'il peut — a-t-il laissé dire — la communiquer à
sa volonté. Sur ce point, si intéressant, l'agriculture
attend toujours les révélations scientifiques de
M. Ville, et avant de passer à de nouvelles promesses
il eût été sage de commencer par la réalisation de
celles qui ont été si pompeusement annoncées il y a
plus d'un an.

*
* *

Qu'il nous soit permis, avant de terminer ce chapitre, de signaler d'une façon toute particulière, à
l'attention des agriculteurs, le bien excellent livre
de M. Barral : *L'agriculture du nord de la France*,
spécialement consacré au domaine de Masny et au
dépouillement complet d'une comptabilité de onze
années. On n'a pas d'exemple d'une monographie
aussi intéressante ; c'est une vraie californie agricole, et M. Barral s'est inspiré là d'un sentiment pa-
triotique qui lui fait le plus grand honneur.

CHAPITRE

SIXIÈME ENTRETIEN

« Les notions les plus élémentaires de la physiologie nous démontrent que la question des engrais,
envisagée soit au point de vue de la production végétale, soit à celui de la production animale, ne consiste pas seulement à fournir à la plante ou aux
bestiaux de l'azote, du phosphore, etc., mais, autant que possible, ces principes associés à l'hydrogène, au carbone, à l'oxygène, aux alcalis, et, en
un mot, à approcher autant que faire se peut des
méthodes admirables que nous offre la Providence,
lorsque les détritus de la végétation ou de la vie
retournent dans le torrent d'une végétation ou
d'une vie nouvelle »

(AD. BOBIERRE, *L'atmosphère, le sol, les
engrais,* page 203.)

C'est seulement dans ce sixième et dernier entretien que M. Ville consent à faire une petite place au
fumier. Voici comment il s'exprime, page 113 : « Je
le répète donc, lorsqu'on entre dans le domaine de
la culture agricole proprement dite, l'intervention
des animaux étant une nécessité qui naît de la force

des choses, on produit du fumier dont il faut absolument tirer parti et savoir régler l'emploi. »

A voir le fanatisme avec lequel il a prêché jusqu'à présent la doctrine de l'emploi exclusif des engrais chimiques, nous nous étonnons de cette tolérance, et nous ne voyons pas pourquoi M. Ville n'a pas complété son système d'une manière radicale en n'admettant plus *pour la culture agricole proprement dite que les engrais chimiques et la culture à vapeur.*

Ce raisonnement est tout naturel si l'on admet que le fumier n'est plus qu'une ennuyeuse nécessité, une chose « de laquelle il faut absolument tirer parti. »

Cette conclusion eût été logique, car plus loin, page 130, on lit ceci, qui est caractéristique : « La prairie avait pour destination principale de puiser dans l'air l'azote, que les céréales doivent trouver dans le sol, *et, les animaux n'étant qu'un moyen de préparer le fumier*, on confondait dans un tout homogène le foin de la prairie et les pailles des céréales qu'on ne pouvait pas vendre. »

Il est inconcevable que dans le cours de ses *Entretiens* M. Ville n'ait pas u ne seule fois envisagé la culture comme devant, de toute nécessité, entretenir des animaux pour produire de la viande, du laitage, des peaux, de la laine, etc., et cependant on reproche à une partie de l'agriculture française de ne pas faire assez de ces produits pour en abaisser le prix de vente et par là en augmenter la consommation. Rempli, bouffi, si l'on peut s'exprimer ainsi, par la doctrine des engrais chimiques, dans laquelle il s'imagine s'être incarné le premier, M. Ville semble ne faire que tolérer les animaux.

Les agriculteurs des contrées pastorales doivent être fort étonnés de pareilles doctrines si elles arrivent jusqu'à eux.

Cependant, puisque M. Ville croit enseigner le premier à remplacer les prairies par des luzernières d'un rendement plus avantageux, et apprendre aussi à augmenter le produit des racines, il faut bien qu'il consente à ce que l'agriculture aie des animaux pour les consommer, à moins qu'il n'ait résolu d'envoyer paître ceux qui ne seraient pas de son avis.

Ce doit être encore par une préoccupation semblable, qui ne veut voir que le blé à produire comme récolte principale, qu'aux pages 121 et 122, M. Ville nous entretient d'un *moyen de cultiver indéfiniment le froment sur la même terre, à la condition de lui fournir en quatre ans* des doses d'engrais chimiques dont la valeur totale, pour les quatre ans, s'élève au chiffre très-respectable de... 715 francs.

M. Ville veut évidemment ici tirer parti de l'insuffisance des récoltes en céréales des années 1866 et 1867, pour se présenter comme un sauveur; mais alors pourquoi ne s'est-il pas emparé en France de l'apostolat qu'exploite depuis longues années un agriculteur de Loïs-Wédon en Angleterre, M. Schmit, qui prétend aussi, lui, cultiver le blé indéfiniment, mais *sans engrais,* ce qui est beaucoup plus écono-

mique que les formules d'engrais chimiques de
M. Ville?

Le sixième entretien est consacré à plusieurs formules d'assolement où le fumier est presque toujours placé en tête, et dans tous les cas il précède
d'un an au moins la sole de froment. C'est **une**
bonne précaution, conforme d'ailleurs aux habi-
tudes de tous les agriculteurs auxquels une longue
expérience a prouvé que le froment s'accommode
mal des fumures fraîches; mais alors pourquoi
M. Ville a-t-il fait le contraire dans tous ses essais?
C'est là bien certainement la cause principale des
insuccès de cette céréale dans les expériences faites
comparativement avec le fumier et les engrais chimiques, expériences sur lesquelles nous nous sommes
déjà expliqué, et dont les résultats sont rapportés à
la page 54.

Voyez la logique du novateur : puisqu'il reconnaît que la première année le fumier ne produit
pas tout son effet utile, comment se fait-il qu'il
vienne parler en triomphateur à propos des expériences d'une seule année? Qu'y a-t-il donc d'extraordinaire de voir des produits salins, solubles
au maximum, l'emporter d'abord sur le fumier,
dont la décomposition est lente et graduée? Il faut
prendre garde aux illusions et comprendre que
ces expériences d'une année ne disent pas grand'-
chose; pourtant M. Ville en fait parade à chaque
instant. C'est la continuité des effets et des résultats

qu'il importe de constater, et nous maintenons qu'on ne peut réellement conclure qu'à la condition de suivre des essais comparatifs pendant toute la durée de l'assolement.

Le fumier qu'on suppose fourni à la dose de 50,000 kilogrammes, est toujours accompagné d'engrais chimiques fournis en même temps que lui. Lorsqu'il est destiné aux pommes de terre en première sole, ce sont 200 kilogrammes de phosphate de chaux, 100 kilogrammes de nitrate de potasse et 200 kilogrammes de sulfate de chaux qu'on lui associe, page 115. Si ce sont des betteraves, ces engrais chimiques sont remplacés par 200 kilogrammes de potasse et 200 kilogrammes de nitrate de soude. Le fumier est-il destiné au colza en première sole, on lui adjoint 300 kilogrammes de sulfate d'ammoniaque, page 116 ; si enfin le fumier ne vient qu'en deuxième année, betteraves après une première sole de lin, on lui adjoint 200 kilogrammes de nitrate de potasse et autant de nitrate de soude, page 118.

Nous avons remarqué, à propos des assolements qui comprennent du colza, une prescription que nous ne saurions approuver. Elle consiste à brûler les pailles et les siliques de colza, dont on prétend, page 124, *qu'il serait à peu près impossible de tirer aucun parti.* Par ce moyen, la terre récupérera en potasse et en acide phosphorique ce qu'elle aura fourni de ce chef ; oui, certes, mais elle perdra près de 80 kilogrammes d'azote valant 150 francs, plus la matière organique dont l'humus se compose. Voilà une manière d'entendre l'économie des questions !

Triste conseil, qui dénote une connaissance bien incomplète des choses agricoles; car c'est là de l'économie rurale entendue d'une singulière façon. Comment ! on ne peut tirer d'autre parti des pailles et des siliques de colza qu'en les brûlant? Qui s'en serait douté ! On dirait vraiment que M. Ville parle à des enfants et qu'il ne sait pas le premier mot de ce qui se fait partout, dans toutes les fermes, où les siliques hachées rentrent dans les rations alimentaires du bétail, tandis que les pailles vont grossir la masse des fumiers ! C'est là ce que la pratique agricole fait tous les jours, et elle a cent fois raison, n'en déplaise au chef non galoné de la nouvelle école de similiculture.

Il faut dire cependant qu'à la page 125, l'auteur fait observer qu'on peut aussi convertir en fumier ces substances, ainsi que les pailles de froment, en les stratifiant et les arrosant avec de l'eau putréfiée, au moyen de quelques centaines de kilogrammes de tourteaux de colza qu'on y délaye.

Puisqu'il est possible de les utiliser, ne conseillez donc pas de les brûler. C'est l'un ou l'autre, et comment s'expliquer de pareilles contradictions?

Par cela même que les siliques de colza contiennent deux fois plus d'azote que la paille de blé, à peu près autant d'acide phosphorique et dix fois plus de potasse, il est bien évident que l'agriculture a le plus grand intérêt à associer ces siliques à des racines cuites ou fermentées, ou à des pulpes, afin de faire manger le tout par le bétail. Ces pailles doivent donc être plus profitables pour l'alimentation que la paille de froment, qu'on est dans l'usage de faire consommer dans les exploitations bien tenues.

Au demeurant, il parait plus convenable de convertir, quand on le peut, une substance en bétail qui vaut 1 franc le kilogramme, qu'en fumier, qui vaut cent fois moins. Encore moins ne doit-on pas la réduire en fumée, bien que M. Ville appelle cela, page 125, une *balance rectifiée par la combustion des pailles et des siliques de colza.*

C'est chercher de jolies phrases et des mots à effet, pour dire des choses qui n'ont pas le sens commun. Cela arrive assez souvent à M. Ville. Quand on veut se mêler de donner des conseils, on doit au moins se tenir au courant de ce qui se fait, et motiver ses opinions en les basant sur des raisons économiques que chacun puisse apprécier.

*
* *

Après ces formules d'assolement, M. Ville a soin de faire observer, page 119 : « qu'avec le fumier tout seul, les grands rendements sont impossibles, parce que la somme des agents assimilables disponibles n'est jamais assez élevée. » Toujours des assertions hardies, mais dénuées de toutes preuves. Où M. Ville a-t-il vérifié le fait qu'il énonce? Il n'en dit mot, et il a pour cela d'excellentes raisons. Nous nous bornerons, pour répondre à cette assertion gratuite, à renvoyer M. Ville à la lecture d'un article de M. A. de Gasparin intitulé : *Un sac de pommes de terre* (*Journal d'Agriculture pratique*, année 1857); il y apprendra, puisqu'il l'ignore, qu'on peut obtenir à l'aide du fumier seul, 1,000 sacs de pommes de terre à l'hectare. Il ne pourra pas nous objecter que cette expérience a été faite sur une trop petite échelle, car on y a justement adopté le patron choisi par M. Ville pour ses fameuses expériences de Vincennes, qui sont les principales pièces à conviction qu'il nous apporte.

M. Ville dit ensuite : « Mais que l'on ajoute annuellement au fumier la dominante que réclame chaque culture, et aussitôt les rendements et les bénéfices atteignent leur limite la plus élevée. Et maintenant si je rappelle que la matière azotée est la dominante du froment, la potasse celle des légumineuses, le phosphate de chaux celle des navets; que les minéraux sans azote donnent les rendements les plus élevés avec la luzerne; que les minéraux avec un peu d'azote conviennent de préférence au lin et à la pomme de terre : non-seulement vous apercevrez les règles qui m'ont dirigé dans les indications qui précèdent, mais vous pouvez à leur aide combiner les successions de culture les mieux appropriées aux conditions dans lesquelles vous êtes placés. »

Avant d'aller plus loin, constatons d'abord que tout cela a été dit bien avant l'apparition de cet astre nouveau qui vient éclairer le monde agricole d'un jour déjà fait. Est-ce que même la pratique agricole n'a pas sanctionné tout cela, depuis long-temps, par la prédominance des engrais spéciaux, et notamment des phosphates dans les terrains gra-nitiques et schisteux de la Bretagne et de l'ancienne Vendée, comme elle a fait prédominer l'azote dans les cultures des départements du Nord? Tout n'est pas dit, sans doute, quant à la spécialisation des engrais; mais encore est-il juste de reconnaître que M. Ville a tort de s'attribuer ce que tant d'agricul-teurs pratiquent partout, parce que l'expérience leur en a démontré l'utilité.

Est-ce que la science n'a pas déterminé depuis longtemps que la betterave, le tabac, la vigne avaient plus besoin de potasse que les céréales, par exem-ple? Est-ce que depuis vingt ans on ne fait pas pré-dominer les phosphates dans la culture des turneps? Oui, tout cela a été dit et enseigné dans tous les ouvrages spéciaux, et a été pratiqué partout. Donc, M. Ville n'a rien à revendiquer ici, puisque tout cela appartient au domaine commun de la science.

Ajoutons encore que la proportion dominante de l'azote ammoniacal, pour les céréales, est un pauvre conseil, et beaucoup d'agriculteurs ne le savent que trop déjà : on fera beaucoup de verdure, une végétation très-apparente, mais de grain, néant ou à peu près ; c'est ce qui arrive tous les jours, quand on ne fait pas prédominer les phosphates dans la culture des céréales. Oui, l'azote est utile, très-utile, mais, dans le cas qui nous occupe, ce sont les phosphates qui doivent être prédominants, sinon, on ne fait que des apparences, mais on n'a que de pauvres récoltes, et M. Ville ne l'a que trop bien prouvé.

M. Ville tombe et retombe constamment dans la même grosse erreur : parce qu'il a obtenu avec un sol artificiel des résultats qui lui paraissent satisfaisants, bien qu'ils ne le soient guère, ainsi que nous l'avons vu, il en conclut d'une façon générale pour tous les terrains qui seront soumis au même régime. Est-ce que cela peut supporter l'examen? Est-ce qu'il n'y a pas, d'un département à un autre, et souvent même d'un canton à un autre, des différences considérables dans les natures de terrain? Est-ce qu'il ne faut pas tenir compte de ces circonstances et des aptitudes particulières de chaque espèce de sol? Mais laissons continuer l'auteur, nous conclurons en temps utile :

« Ce n'est pas tout encore : pour que la solution du problème de la production agricole soit vraiment complète, il ne suffit pas de connaître les agents qui sont la source et la cause de la fertilité; il faut être sûr que leur emploi n'est pas une cause de dépérissement pour le sol, et qu'en fin de compte ils ne lui prennent pas plus qu'ils ne lui rendent. » Tout le monde a dit cela. « Afin d'apporter à l'examen de cette question un caractère de précision, et en même temps de généralité, qui rende *mes conclusions sans appel* et applicables à tous les cas possibles, je la formule en ces termes : *Peut-on cultiver indéfiniment la même terre avec des engrais chimiques et toujours avec le même succès?* Oui, cela se peut, mais à deux conditions : 1° Rendre à la terre par les engrais plus de phosphate de chaux, plus de potasse et de chaux que les récoltes ne lui en ont pris. » Nous avons vu, page 175, que M. Ville fait précisément le contraire.

« 2° Lui rendre, en outre, environ 50 pour 100 de l'azote des récoltes. » Quant à l'humus, néant ; mais suivons toujours ; plus loin, page 122, nous trouvons : « L'emploi des engrais chimiques n'a rien à redouter de l'avenir ; mes expériences dans le sable calciné, confirmées par les cultures du champ de Vincennes qui remontent à plus de huit années, me semblent mettre cette conclusion à l'abri de toute contestation possible. »

Des conclusions sans appel ! quand nous venons de constater la mystification des apparences, c'est-à-dire des pailles géantes et des épis presque monstrueux avec un rendement de... quatre hectolitres à l'hectare.

C'est le pendant de la mystification de la maladie

des pommes de terre, pour laquelle, disait-on, M. Ville avait le secret de la guérison. Quelle farce !

Mais que prouvent donc les expériences des plates-bandes de Vincennes, si l'on ne sait rien sur la richesse de ce sol avant les expériences, et sur ce qu'il en peut rester aujourd'hui. Sans doute, on pourra obtenir des rendements superbes avec des produits chimiques, dans des petits carrés de jardin dont le sol possède déjà une bonne couche humifère et une vieille force provenant des fumures antérieures ; mais, encore une fois, où est-il prouvé que ce sol n'a pas perdu une partie de la richesse qu'il possédait à l'origine ? Où sont donc les constatations qui établissent que, réellement, aucun des matériaux du sol n'a été emporté par les récoltes ? Il n'y en a pas, et cela n'empêche pas du tout M. Ville d'affirmer avec une grande assurance. Il ne prouve jamais, mais en revanche il affirme toujours ; c'est le côté le plus saillant et le plus original de ce qu'il appelle sa doctrine, et il est vraiment superbe quand il dit : « *Je formule mes conclusions, et elles sont sans appel.* » Absolument comme si nous étions au temps du roi Dagobert. Et dire que la science est employée à couvrir de pareilles bouffissures !

Ainsi donc, nous voilà bien avertis. Plus de contestations possibles : les arrêts rendus par M. Georges Ville sont *sans appel et applicables à tous les cas possibles :* oui, *on peut cultiver indéfiniment la même terre avec des engrais chimiques, et toujours avec le même succès.*

Après être ainsi monté sur son siége et avoir fait ouvrir les portes du tribunal, ce grand juge y fait comparaître qui? le croira-t-on? M. Boussingault, dans la personne de son exploitation rurale de Bechelbronn, « exploitation dirigée d'après les anciennes traditions, mais dont les rendements sont faibles, et que l'on veut faire passer au régime de la culture et des grands rendements avec le moindre capital possible [1]. » (Page 127.)

En vérité, Georges Dandin, malgré sa manie de juger, mais plus modeste que M. Georges Ville, n'aurait jamais imaginé de faire comparaître à sa barre le président de la Cour suprème.

Heureusement, nous voilà enfin arrivés au terme des six entretiens de M. Ville. Il les a fait suivre d'un appendice que nous devons examiner, bien que nous ayons hâte d'en finir avec cette facétie agricole.

Un mot encore, cependant.

Nous venons de voir ce qu'ont dit les faits pré-

1. Cette phrase est d'autant plus inqualifiable que M. Ville était préparateur au laboratoire de M. Boussingault. Qui ne croirait, à entendre M. Ville, que c'est l'exploitation de Bechelbronn, dans son état actuel, qu'il discute? Eh bien, lecteur, il y a trente-deux ans que les faits agricoles en question ont eu lieu; ils datent de 1836-1837, et au bas de la page 164 du deuxième volume de l'*Économie rurale*, deuxième édition, M. Boussingault a soin d'avertir le lecteur dans les termes suivants : « Dans ce qui suivra, les produits des récoltes seront toujours donnés après déduction des semences, et tels qu'ils étaient à l'époque déjà éloignée où ce travail a été fait. »

sentés par M. Ville, puisque toutes nos observations ont porté sur les propres contradictions de l'auteur et sur les chiffres qu'il a lui-même publiés à l'appui de sa prétendue doctrine. C'est donc lui qui nous a fourni le sujet de chacun de nos arguments.

Ce que l'examen attentif des faits vient de nous révéler est la plus humiliante défaite qu'un auteur présomptueux puisse essuyer. Néanmoins M. Ville est toujours content de lui, bien qu'il soit maintenant prouvé expérimentalement que l'application de sa prétendue méthode n'aboutit trop souvent qu'à des résultats désastreux. C'est ainsi qu'au moment même où nous écrivons ces lignes M. C. Borel vient de consigner dans le *Journal d'agriculture pratique* (tome II, 1868, page 659) le compte financier de trois expériences très-bien faites et répétées simultanément à Genève et à Montgeron, desquelles il résulte que le produit net en argent a donné, en moyenne, pour les engrais chimiques seuls, 165 francs 60 cent., tandis que dans les mêmes circonstances le fumier seul a produit, à dépense égale, 346 francs 06 cent., c'est-à-dire près de 3 fois plus que les engrais chimiques.

Après cela, que deviennent donc les affirmations et les promesses excessives de M. Ville, et que peut-on en conclure?

CHAPITRE X

—

Ce chapitre comprend ce que **M.** Ville intitule : *Pratique et doctrine, formules d'assolement*.

Il commence par sept formules d'assolements avec engrais chimiques, et trois formules d'engrais chimiques pour luzerne seule, prairie seule et vigne. Ces formules sont la reproduction de celles qui ont été indiquées dans le quatrième entretien. Viennent ensuite quatre formules d'assolements, le fumier faisant partie de la fumure : elles sont, comme les précédentes, la reproduction des formules déjà présentées, pages 115, 116 et 118. C'est du remplissage et un moyen de faire un gros livre. Il est assez réussi sous ce rapport; mais nous devons dire, cependant, qu'en y regardant de près on s'aperçoit que la jurisprudence du tribunal des engrais chimiques n'est pas encore bien fixée. En effet, à la page 115, on prescrit pour l'assolement de cinq ans pommes de terre, froment, trèfle, froment et avoine, neuf dosages d'engrais sur lesquels quatre sont reproduits à la page 146 avec des chiffres différents.

Le nitrate de potasse, porté à 100 kilogrammes en première année, à la page 115, figure pour 150 kilogrammes à la page 146.

Le sulfate d'ammoniaque qui, à la deuxième, a été jugé devoir être employé à la dose de 200 kilogrammes, à la page 115, devient insuffisant à la page 146, où il atteint le poids de 300 kilogrammes.

Le trèfle de la troisième année qui, à la page 115, exige 200 kilogrammes de nitrate de potasse, n'en demande plus que 150 à la page 146. Enfin, la sole d'avoine qui, à la page 115, doit absorber 300 kilogrammes de sulfate d'ammoniaque, se contente de 200 kilogrammes à la page 146. L'assolement de cinq ans betteraves, blé, trèfle, blé, avoine, qui figure aux pages 115 et 147, donne lieu à des observations du même genre. Le nitrate de potasse, jugé nécessaire pour la première sole et porté à la page 115 pour 200 kilogrammes, se réduit à moitié dans la formule de la page 147. Les 200 kilogrammes de sulfate d'ammoniaque qui doivent nourrir le blé de la deuxième sole de la page 115, sont au contraire augmentés de moitié en sus, et portés à 300 kilogrammes quand ils arrivent à la page 147. Il en est de même pour le phosphate acide de chaux, qui est l'un des soutiens du trèfle de la troisième année : il passe aussi de la dose de 200 kilogrammes à celle de 300 kilogrammes. Ce n'est pas le seul changement que subit cette sole : le nitrate de potasse, qui se trouve coté à 200 kilogrammes à la page 115, a perdu 50 kilogrammes dans le trajet qu'il fait pour arriver à la page 147, où il est réduit à 150 kilogrammes. Enfin, l'avoine de la cinquième et dernière sole, qu'on avait cru prudent, dès la page 115, de fortifier par 300 kilogrammes de sulfate d'ammoniaque, a perdu 100 kilogrammes en route, et à la page 147 on ne trouve plus que 200 kilogrammes de sulfate, etc. Quel embrouillamini, quelle confusion et que de négligence dans tout cela! Comme cela donne une haute idée du soin apporté par M. Ville dans un travail de cette nature, et comme cela montre bien avec quelle attention il sait soigner ses œuvres. Quel inextricable gâchis! C'est le brouet renouvelé de Lacédémone.

Mais, patience, nous n'en avons pas encore fini avec le dédale dans lequel M. Ville jette ses lecteurs, ce qui ne devrait cependant pas être le fait d'un grand juge; il nous faut éplucher une troisième formule d'assolement : colza, betteraves, froment, trèfle, blé, figurant d'abord à la page 116, puis à la page 148, avec des différences aussi inexplicables qu'inexpliquées.

Dès le début, pour la sole de colza, nous sommes en face d'un dosage de 200 kilogrammes de sulfate d'ammoniaque, page 116, qui devient 300 kilogrammes à la page 148 ; pour la deuxième sole, betteraves, la différence est une bagatelle : le nitrate de soude, qui avait débuté par 200 kilogrammes, a de l'avancement et atteint 250 kilogrammes. Par contre, à la troisième sole, froment, le sulfate d'ammoniaque, qu'on avait jugé prudent de coter à 300 kilogrammes à la page 116, descend à 200 kilogrammes quand il arrive à la page 148.

La quatrième sole, trèfle, à laquelle on a donné une gratification de 50 kilogrammes de nitrate de potasse, en la faisant passer de 150 kilogrammes, page 116, à 200 kilogrammes, page 148, subit un fameux échec en voyant les 400 kilogrammes de sulfate de chaux qu'on lui avait alloués à son départ réduits à moitié, 200 kilogrammes, en arrivant à la page 148.

Quel désordre ! Voilà les produits de la fabrication de M. Ville. C'est ainsi qu'il sait arranger des systèmes dits scientifiques et des livres vraiment incroyables. *La parfaite Cuisinière bourgeoise* est certainement plus intelligible et plus précise.

C'est peu assimilable tout cela, bien que ce soit très-alambiqué ; et qu'on ne croie pas que les variations que nous venons de signaler puissent provenir de fautes d'impression ou de calcul. Il n'en est rien : chacun des chiffres que nous venons d'indiquer et qui représente des kilogrammes, est suivi du prix coûtant total : ainsi, pour nous faire bien comprendre, si les 300 kilogrammes de sul-

fate d'ammoniaque de la troisième sole (froment)
du dernier assolement que nous venons d'examiner
sont portés pour 120 francs à la page 116, les
200 kilogrammes de la page 148 ne coûtent plus
que 80 francs. Donc, pas d'erreur typographique.

La dépense totale d'engrais chimiques de cet assolement, qui atteint la somme infiniment respectable
de 694 francs par hectare à la page 116, n'est plus
que de 596 francs à la page 148, par suite des modifications qu'on a fait subir aux quantités de sels
employés; nous ne dirons rien d'une différence de
8 francs, provenant d'erreurs de calcul, que présente la dépense des engrais du quatrième et dernier assolement avec fumier. Si nous comptens bien,
voilà quatorze variantes inexpliquées dans les chiffres des formules d'engrais prescrites par M. Ville.

Que penser de toutes ces fautes et de tant de négli-
gences? Une seule chose, c'est que tout le reste doit
s'en ressentir et a dû être conçu et formulé avec non
moins de sans-façon. Mais comme M. Ville n'a guère
eu que six ou huit ans pour élaborer un pareil chef-
d'œuvre, qui devra certainement rester comme un
modèle de genre, il faut bien être un peu indulgent.
Espérons cependant que les entretiens agricoles qui
ont eu lieu en 1868, mais qui n'ont pas encore été
illustrés par la publicité, nous apporteront enfin les
arrêts définitifs propres à fixer une fois pour toutes
les articles de foi du nouveau *Credo* en matière d'engrais chimiques.

14.

* *

Après les formules d'assolement et l'assortiment d'engrais qui les accompagne, arrive un paragraphe intitulé : *Conservation, préparation et épandage des engrais chimiques.*

Pour la conservation, on recommande avec raison de tenir les engrais chimiques dans un lieu sec. Pour la préparation, il faut, en ce qui concerne le phosphate acide de chaux, ne l'employer qu'après plusieurs mois de fabrication, parce qu'au début il a une consistance pâteuse qui rend les mélanges difficiles, et l'on recommande même de commencer par le mélanger avec le sulfate de chaux.

Mais on a oublié de nous dire ce qu'il faudrait faire dans le cas où il n'y aurait pas lieu à employer le sulfate de chaux, le sol en étant déjà pourvu. Quoi qu'il en soit, après y avoir incorporé les autres produits, on doit procéder à un pelletage énergique, puis pilonner, passer au crible, réitérer le pelletage, etc. En un mot, on doit prendre les moyens propres à assurer un mélange homogène. C'est tout un travail.

Quant à l'épandage sur le sol, on recommande de préférence l'emploi des semoirs, sinon on doit encore mélanger les engrais chimiques avec volume égal de terre fine et sèche, et procéder alors comme pour un chaulage.

On passe ensuite aux fumures en couverture, qu'on doit employer sans hésiter si on n'a pu épandre l'engrais avant de semer : « Une fumure en couverture peut suffire encore pour assurer le succès de la récolte ; or, avec le fumier, cette ressource fait *complétement* défaut. »

Voilà comment M. Ville est au courant de ce qui se pratique partout : à l'en croire, la fumure en couverture est impossible avec le fumier ; mais alors, puisqu'un mot doit représenter une idée, comment se fait-il que l'expression de *fumier en couverture* ait été consacrée en agriculture depuis si longtemps, et dans tous les cas bien avant l'apparition des engrais chimiques sur la scène agricole ?

M. Ville a toujours l'air de faire la leçon à des écoliers, et il ne parle jamais des pratiques agricoles que pour dire aux agriculteurs ce qu'ils savent beaucoup mieux que lui.

Il faut convenir d'ailleurs que le moment actuel est bien mal choisi pour venir déclarer, avec une grande assurance et un imperturbable aplomb, *que la fumure en couverture est impossible avec le fumier*.

Comment ! c'est alors que M. Decrombecque, grand prix de l'Exposition universelle de 1867, affirme, devant une réunion d'agriculteurs éminents, qu'au moyen du billonnage « les fumures en couvertures, si utiles, sont rendues *possibles, même très-tard ;* » c'est ce moment que M. Ville, enfermé dans

ses serres et dans ses cultures microscopiques de
Vincennes, comme dans un Olympe où les bruits de
la terre se font à peine entendre, c'est ce moment,
disons-nous, que M. Ville choisit pour affirmer
« qu'avec le fumier cette ressource fait complète-
ment défaut. » En vérité, M. Ville n'a pas de chance.
On devrait au moins se tenir au courant des questions avant de les traiter en public.

* *
*

Sous le titre de *Balance des cultures*, M. Ville
donne encore dans son Appendice trois pages qui
comprennent la composition chimique des plantes
récoltées sur les champs d'expériences de Vincennes : ce sont du blé de mars et du blé d'hiver,
de l'orge, des pois, des haricots, du colza, des
choux, de la luzerne, de la betterave et des pommes
de terre ; viennent à la suite la composition chimique des fumiers de Vincennes, de Bechelbronn, de
Bouxwiller, et du purin à l'état humide et à l'état sec.

* *
*

Viennent enfin huit pages portant en tête ce titre :
Des champs d'expériences. L'utilité de cette pratique
y est expliquée ; puis on passe à la composition de

deux séries de chacune sept formules d'engrais chimiques, destinées à autant de parcelles ou champs d'expériences : en y ajoutant trois parcelles, l'une sans engrais d'aucune sorte et deux autres avec des doses de 60,000 et 30,000 kilogrammes de fumier à l'hectare. Total, dix parcelles à expérimenter *pour chaque nature de terrain.*

On voit bien que M. Ville n'aura pas la peine de s'en occuper. On peut même lui rendre cette justice, qu'il ne marchande jamais la besogne qu'il sait donner aux autres; car, pour une exploitation à terrains variés, ce n'est pas là une petite affaire.

Nous maintenons tout ce que nous avons dit précédemment à ce sujet. Ce serait peut-être faisable si chaque pièce de terre était bien de même nature et de même composition sur tous les points de sa surface; mais précisément ce cas est assez rare. Bien des pièces de terre proviennent de l'enclave d'autres pièces qui ont rarement la même composition que celles auxquelles elles ont été annexées. Il pourrait donc y avoir nécessité d'instituer huit ou dix champs d'expériences sur la même pièce de terre. Où cela conduirait-il partout où le morcellement de la propriété a multiplié le nombre des parcelles? Ce n'est pas là évidemment une idée pratique, et l'agriculture n'en fera rien. Si quelque chose doit prouver que M. Ville n'a pas du tout le sens pratique, comme tous les rêveurs de systèmes, c'est assurément cette idée, car elle n'est pas réalisable pratiquement. Nous pensons que pour simplifier les choses, c'est-à-dire ramener chaque pièce de terre à un seul champ d'expérience, il faudrait qu'une sonde, ayant la même profondeur que la couche arable, puisse prendre sur tous les points de la surface des échantillons de terre qui, réunis, exprimeraient bien la composition moyenne de chaque pièce, et formeraient ainsi le champ d'expérience conseillé avec tant de raison par le comte de Gasparin.

La page 166, qui termine cette partie du livre de M. Ville, contient une observation dont nous reconnaissons toute l'importance et qui vient ajouter une difficulté de plus à la mise en pratique de ce mode d'expérimentation ; la voici :

« Pour qu'un champ d'expérience fournisse des indications vraiment utiles sur l'état du sol, il faut que la terre n'ait pas reçu de fumier depuis plusieurs années ; autrement, les rendements des diverses parcelles se rapprochent au point de se confondre, et les contrastes que vous remarquez ici, à Vincennes, ne se produisent qu'après deux ou trois ans de culture. Mais ce cas n'est pas moins instructif que le premier ; il prouve, en effet, que le sol est pourvu de tous les termes de l'engrais complet.

« Au point de vue de la pratique, cette indication a une importance capitale. Elle nous apprend que dans un tel sol on peut recourir temporairement à des engrais incomplets, et procéder par fumure alternante, en se bornant aux seules *dominantes*, ce qui permet d'obtenir le maximum de produit avec la plus faible dépense. »

Sans qu'il y paraisse, il y a là matière à bien des observations. Nous devons nous arrêter particulièrement à cette citation, parce que, très-spécieuse en apparence, elle est vraiment incapable de résister a un examen attentif. M. Ville craint, dit-il, l'influence des fumures antérieures. Si l'on s'en tient uniquement à la forme de cette proposition, rien de plus juste; mais alors pourquoi M. Ville n'a-t-il pas craint, pour les petites plates-bandes de Vincennes, cette influence des fumures antérieures, qui peut tromper sur la valeur exacte des résultats obtenus à la faveur des engrais chimiques? Ce n'est qu'une simple question, mais elle mérite d'être examinée, puisque M. Ville la soulève. Nous serions très-aise d'avoir sa réponse à ce sujet; mais nous savons déjà que pour bien des questions il a l'oreille un peu dure. Poursuivons donc.

L'idée des terrains vierges est des plus rationnelles s'il s'agit d'une culture prolongée dans laquelle on veut appliquer le système à une rotation complète, et c'est précisément ce que n'a pas fait M. Ville en prenant les terres de la ferme de Vincennes. S'il s'agit simplement d'essais comparatifs, nous pensons qu'il est infiniment plus rationnel, contrairement à l'opinion de M. Ville, d'opérer sur des terrains déjà mis en culture, et voici les motifs sur lesquels nous nous fondons : tous les agriculteurs savent parfaitement que le fumier de ferme employé sur des terres vierges n'agit que très-incomplétement la première année ; la raison en est simple : l'assimilation du fumier par le sol n'est pas et ne peut pas être instantanée, parce que l'action réitérée des labours est nécessaire pour obtenir cette incorporation. D'un autre côté encore, il ne faut pas perdre de vue que dans le fumier de ferme l'azote, les phosphates et les alcalis sont en grande partie engagés dans des combinaisons organiques desquelles ils ne peuvent se séparer qu'à mesure que s'opère la décomposition du fumier. Donc, si la décomposition du fumier ne s'opère qu'en quatre ou cinq ans, c'est le quart ou le cinquième de l'azote, des phosphates et des alcalis qui agit chaque année. M. Ville, qui est un très-grand professeur, ne doit pas ignorer des choses aussi élémentaires, et la preuve qu'il ne les ignore pas c'est qu'il sait parfaitement en tirer parti en faisant agir, comparativement avec le fumier, son azote, ses phosphates et ses alcalis, qui produisent tout leur effet utile dans la même année. Au point de vue du succès des engrais chimiques, c'est très-adroit.

C'est l'explication raisonnée des petits succès arrangés par M. Ville avec un art si parfait.

Quant à l'objection que soulève M. Ville contre les terrains déjà cultivés à propos des essais comparatifs, elle n'est pas sérieuse, parce qu'en réservant quelques bandes sans engrais, on sait exactement, par la récolte, quelle part d'influence revient aux fumures antérieures. Donc, pour nous, les recommandations si spécieuses de M. Ville sur ce point ne sont pas autre chose qu'un artifice imaginé pour faire valoir les engrais chimiques aux dépens de toutes les autres fumures, et principalement du fumier de ferme. Qu'on veuille bien se pénétrer de tous ces faits, et il sera impossible, croyons-nous, d'en dégager une autre conclusion.

Il nous paraît donc impossible qu'en tirant les conséquences les plus logiques, les plus légitimes de la citation que nous venons de reproduire, elle ne donne l'explication toute naturelle des succès que M. Ville annonce avoir été obtenus par l'emploi des engrais chimiques chez plusieurs agriculteurs, qui ont eu le tort de s'empresser de conclure.

Il y a infiniment de savoir faire dans la disposition de certaines choses arrangées par M. Ville, et bien des esprits superficiels peuvent s'y laisser prendre; mais en y regardant de très-près, on ne peut que rester étrangement surpris.

*\
* *

M. Ville a donné des formules pour ce qu'il appelle l'engrais complet correspondant à chaque nature de récolte; mais son engrais, dit complet, l'est-il réellement, et n'y a-t-il pas d'autres éléments entrant dans la composition des plantes qui ont été négligés par lui, l'humus, entre autres, dont la culture maraîchère fait depuis un temps immémorial un emploi si profitable; culture intensive au suprême degré, et qui, bien étudiée, pourrait donner lieu, croyons-nous, à d'utiles enseignements? Mais ce que nous disons ici est un trait d'histoire. Ne sait-on pas que le guano, employé abusivement et comme seul fumier, a fini, après avoir donné de belles récoltes, par stériliser la terre? Pour en finir avec les champs d'expériences, nous nous bornerons à rappeler, comme nous l'avons déjà fait, que l'idée en a été émise en 1856 par M. Bobierre; et d'ailleurs les agriculteurs éclairés ont depuis longtemps reconnu qu'il était possible, en l'absence de l'analyse de leur sol, d'y suppléer par des observations dérivant, soit de la nature de la végétation spontanée, soit de l'effet qu'y produisait tels ou tels amendements. Voici, par exemple, ce qui a été publié page 301 de l'*Annuaire des engrais et des amendements*, année 1862, dans une lettre de M. J. de Cossigny, ancien élève de l'École polytechnique, agriculteur à Allogny, près Vierzon : « A défaut de l'analyse chimique de son sol, le cultivateur doit, par l'inspection des plantes que celui-ci produit spontanément, par l'observation des modifications de telle ou telle substance apportée dans la végétation, comprendre quels sont les principes utiles qui abondent dans son sol, quels sont ceux qui y font défaut. Il doit comprendre qu'à tel engrais doit succéder tel autre engrais, et qu'aucun ne peut être employé exclusivement et indéfiniment, pas plus que la même plante ne peut être cultivée indéfiniment dans le même sol. » C'est en 1862 que cela s'écrivait, et certes on ne prétendra pas que c'est sous l'inspiration des conférences de Vincennes que de pareilles idées étaient émises.

Mais voici qui est encore plus concluant, et nous pensons qu'après avoir lu ce qui suit on sera convaincu que c'est avec justice que M. Ville doit être dépouillé de ses prétendus droits de paternité en ce qui concerne l'invention des champs d'expériences.

Nous venons de relire la description des nombreuses expériences qu'a faites M. le prince de Salm-Horstmar sur la végétation de l'avoine. Nous disons nombreuses, et cette épithète est bien méritée, car elles sont au nombre de quarante-cinq.

Elles ont eu pour but principal la recherche des corps simples qui sont indispensables à la marche d'une végétation régulière produisant des grains prolifères et en état, par conséquent, de perpétuer l'espèce. En cela, nous sommes heureux de voir que nous nous sommes rencontré avec un expérimentateur de cette valeur en signalant ci-dessus, page 189, l'utilité qu'il y aurait à rechercher si les graines produites par une succession non interrompue de végétaux soumis au régime exclusif des engrais chimiques ne viendraient pas à perdre leur faculté germinative ou ne seraient pas exposées à quelque maladie. Les expériences de M. le prince de Salm semblent démontrer qu'indépendamment de la matière azotée, sept corps sont indispensables pour obtenir une végétation régulière; ce sont : 1° l'acide silicique; 2° la potasse; 3° la chaux; 4° la magnésie; 5° l'oxyde de fer; 6° l'acide sulfurique; 7° l'acide phosphorique.

« Ces sept corps inorganiques suffisent pour la formation des fleurs, mais non pas pour celle des fruits.

« L'alumine semble être un des éléments indispensables pour que la fructification ait lieu. » Quant à s'être occupé de la question de savoir si les graines qu'il a obtenues dans le sable calciné ont conservé les facultés nutritives et prolifères qu'avaient leurs auteurs, M. Ville ne paraît pas l'avoir même soupçonné.

Quoi qu'il en soit, après avoir passé en revue et discuté les résultats de ses quarante-cinq expériences, voici en quels termes M. le prince de Salm termine son examen :

« Un sol est en quelque sorte analysé par les plantes, qui indiquent que ce sol contient toutes les substances nécessaires à leur végétation dans une condition telle que ces plantes puissent se les assimiler. Si ce point est admis, on en peut tirer comme conséquence qu'il serait peut-être avantageux de se servir de la méthode employée dans la série des expériences précédentes (additions de substances diverses dans des vases isolants) pour éprouver, dans certains cas, quelques terrains naturels. Par là, on arriverait à déterminer les substances qui y *manquent*, beaucoup mieux que si l'on avait recours à des analyses de sol qui, *comme on le sait*, ne sont pas toujours satisfaisantes. »

Le détail des expériences de M. le prince de Salm-Horstmar, publié en Allemagne (probablement en 1851), a été traduit par M. Laverrière, sous la direction de M. Barral, et a paru dans le premier semestre du *Journal d'Agriculture pratique* de 1852, pages 265 à 280.

Il nous semble que nous pouvons tirer de ce qui précède les conclusions suivantes :

1° M. le prince de Salm-Horstmar a constaté, par des expériences nombreuses et longtemps avant M. Ville, que la présence dans le sol de neuf substances déterminées est nécessaire pour obtenir un végétal parfait.

2° La conception des champs d'expériences et la convenance de recourir à ce mode d'expérimentation ont été indiquées par le prince de Salm à la suite de son Mémoire, et bien avant M. Ville, qui a oublié de le dire.

3° M. Ville ne saurait arguer qu'il n'a pas eu connaissance du Mémoire de M. le prince de Salm, traduit et publié en 1852, dans un journal d'agriculture qui est entre les mains de tout le monde, car il l'a signalé précédemment.

4° Puisque M. Ville a connu ce Mémoire, comment qualifier son silence actuel à son endroit, et sa prétention à la paternité du système des champs d'exépriences?

M. Ville a jugé à propos de grossir son volume de cent pages, en faisant suivre ses conférences des *réponses* qu'il a déjà fait insérer dans le *Journal de l'agriculture*, à propos des critiques que son système de fumure, caractérisé par l'exclusion du fumier, a déjà provoquées. Sans vouloir reprendre à nouveau cette discussion, nous ne laisserons cependant pas échapper cette occasion d'éclairer le public sur quelques points très-édifiants de ce lourd factum, où, comme d'ordinaire, les contradictions et les appréciations erronées se montrent si fréquemment : nous ajouterons que l'idée d'une banque des engrais, applicable à certains produits seulement, ressemble singulièrement à un monopole créé en faveur de ceux-ci, à l'exclusion de tous les autres qui ne sont pas honorés des sympathies de M. Ville.

Pour arriver à ce résultat, il faut absolument que la supériorité et l'infaillibilité des engrais chimiques soient affirmées et proclamées en quelque sorte à chaque page, et passent à l'état d'axiome; aussi, revenant aux champs d'expériences de Vincennes dans le but de prouver l'inutilité de l'humus et par suite du fumier, on commence par nous dire (pages 232 et 233) que si, au moyen des engrais chimiques, les rendements se maintiennent sur la terre « absolument dépourvue d'humus, et sur la terre qui l'a perdu peu à peu sans que sa fertilité en soit affectée, il est évident que l'humus n'est pas nécessaire au maintien et à la prospérité de la vie végétale ; il est manifeste qu'on peut s'en passer ; » et plus bas : « Le champ d'expériences de Vincennes est au régime des engrais chimiques depuis six ans ; or les rendements avec l'engrais complet, au lieu de baisser, vont toujours s'élevant. »

D'abord, si le fait était vrai, il ne serait pas plus extraordinaire que ce qui se passe journellement en Bretagne et dans l'ancienne Vendée, où quelques hectolitres de noirs de raffinerie, coûtant dix fois moins chers que les produits de M. Ville, font *uniquement* les frais de fumure, depuis douze ou quinze ans, sur les mêmes terres. Nous avons eu également occasion de voir dans les Ardennes, tout près de Grandpré, une terre qui, pendant dix-huit ou vingt ans, n'a pas cessé de donner blé sur blé, consécutivement, sans la moindre fumure, ce qui coûte encore bien moins cher que les engrais chimiques; mais, finalement, cela a abouti à la stérilité la plus complète, et il n'en saurait être autrement toutes les fois que l'exportation des matériaux du sol, sous forme de récoltes, n'est pas équilibrée par une importation équivalente sous forme de fumiers ou d'engrais. C'est une question de temps, voilà tout, et nous venons de voir que les apports d'engrais de M. Ville sont manifestement insuffisants non-seulement en ce qui touche l'azote, les phosphates et les alcalis, mais principalement en ce qui concerne l'élément végétal, c'est-à-dire l'humus et le terreau, puisque M. Ville les exclut complétement.

Mais est-il vrai, comme le dit M. Ville pour le besoin de sa cause, que les rendements aillent toujours en s'élevant? Reportons-nous vingt pages en arrière, et nous trouverons (page 213) que si, en 1861, la plate-bande de blé de mars a donné sur le pied de 2,400 kilogrammes de blé, l'année suivante (1862) a perdu près de 25 pour 100, puisqu'on n'a plus trouvé que 1,900 kilogrammes ; que si le blé d'automne a produit sur le pied de 3,750 kilogrammes en 1863, il a perdu 50 pour 100 l'année suivante (1864), où il n'a plus donné que 1,890 kilogrammes : voilà ce que M. Ville appelle des récoltes qui vont toujours en s'élevant.

Le livre de M. Ville a été fait avec tant de soin qu'il suffit de le lire attentivement pour y trouver les preuves matérielles de tous les faits que nous énonçons.

Voici maintenant qu'à la page 246 notre auteur, pour prouver que la luzerne tire son azote de l'air, s'appuie sur le rendement qu'en a obtenu M. Schattenmann, rendement bien supérieur par son azote à l'apport qui en a été fait par le fumier. Jolie raison ! M. Ville ne pouvait choisir plus maladroitement son exemple. En effet, cette luzernière a été créée sur un pré défriché, **et** les agriculteurs instruits savent quel réservoir d'azote *latent* contient un vieux pré : nous renvoyons M. Ville à l'école du comte de Gasparin pour apprendre ce qu'il en est. Reprenant encore à la page 245 la même thèse de l'azote fourni par l'atmosphère, M. Ville, parvenu à la page 247, prétend trouver dans une expérience sur les turneps, continuée pendant six ans sur la même terre par MM. Lawes et Gilbert, une preuve sans réplique que l'azote de ces récoltes a été puisé dans l'atmosphère. Cette expérience, telle au moins que M. Ville la rapporte, et nous lui en laissons la responsabilité, a été conduite en trois parties, ainsi qu'il suit, pendant six ans : les récoltes moyennes ramenées à l'hectare sont les suivantes :

Turneps.	5,305 kil.	19,694 kil.	22,598 kil.
	Terre sans aucun engrais.	Phosphate acide de chaux.	Phosphate acide de chaux, sulfate d'ammoniaque.

En présence de ces chiffres, M. Ville fait observer que si l'addition du sulfate d'ammoniaque ou phosphate n'a produit qu'une légère augmentation de récolte, il en résulte qu'on doit en induire que l'azote n'a pas été pris à la terre, mais à l'atmosphère. Où est la preuve? Il nous semble cependant qu'il serait plus logique de dire : Puisque l'addition de l'azote du sulfate d'ammoniaque n'a donné qu'une augmentation d'un sixième de récolte, c'est que la

15.

terre en était largement pourvue [1], et voici dans cet ordre d'idées l'explication toute naturelle que nous en donnerions.

On sait avec quel entraînement on a usé du guano du Pérou en Angleterre. Quand il est de bonne qualité, l'azote et l'acide phosphorique y sont en quantités presque égales (136 azote et 157 acide phosphorique sur 1,000 parties); mais dans le turneps l'azote et l'acide phosphorique sont dans une proportion bien différente, un à quatre en nombres ronds.

Il s'ensuit que si l'on fait absorber une fumure de guano par une récolte de turneps, celle-ci, en consommant tout l'acide phosphorique de l'engrais, laissera dans le sol près des trois quarts de son azote, de sorte qu'au bout de quelques années d'un semblable régime le sol se trouvera gorgé d'azote, mais ruiné en acide phosphorique, et par suite ne donnera plus de récolte. Que si, à ce moment, on apporte des phosphates, les récoltes de turneps reparaîtront avec un succès complet, succès qu'on ne manquera pas de leur attribuer exclusivement et dont cependant l'azote, résidu du guano, aura payé sa large part.

On voit donc qu'il n'y a pas lieu de faire intervenir ici l'azote de l'atmosphère, avec lequel M. Ville prétend toujours prouver tout quand il est dans

---

1. Nous ne comprendrions pas que M. Ville n'admit pas notre raisonnement, car c'est sur un principe semblable qu'il a basé l'utilité de ses champs d'expériences.

l'embarras, mais sans jamais fournir de preuves expérimentales à l'appui. L'explication que nous venons de donner au sujet du rôle de l'azote du guano peut s'appliquer à tout autre engrais azoté, comme aussi à tout autre élément essentiel entrant dans la composition des végétaux, sels alcalins, calcaire, etc.

En l'absence d'expériences qui établissent la constitution chimique du sol sur lequel ont opéré MM. Lawes et Gilbert, et dès que l'intervention de l'azote de l'air n'est pas démontrée par des faits, nous regardons notre explication comme jouissant d'une probabilité qui approche de la certitude. Nous croyons aussi qu'un raisonnement analogue peut servir à expliquer bien des succès qu'au premier aperçu on pourrait regarder comme merveilleux.

C'est aussi par l'exploitation de la fertilité des divers étages du sol arable que s'explique, sans recourir à l'hypothèse de l'intervention de l'azote atmosphérique, la possibilité du retour périodique de la culture du trèfle, du sainfoin et de la luzerne : leurs racines pénétrant à différentes profondeurs y rencontrent non-seulement l'azote que M. I. Pierre a démontré y exister à des doses considérables, mais encore des substances que l'infiltration des eaux pluviales y a portées successivement comme dans un réservoir, substances parmi lesquelles il pourrait bien s'en trouver qui rendraient assimilable l'azote en réserve. Que si le retour de la prairie artificielle est trop fréquent, que si le réservoir intermittent n'a pas eu le temps de se remplir et que les racines n'y trouvent pas une nourriture suffisante, les récoltes diminuent et deviennent tellement insignifiantes, qu'on y renonce, jusqu'à ce qu'après un repos prolongé, une tentative nouvelle soit couronnée de succès.

Qu'on lise avec l'attention qu'elle mérite l'étude si consciencieuse, si lucide et si complète qu'a publiée M. I. Pierre sur l'importante question de la diminution du produit des prairies artificielles, et l'on ne se sentira pas aussi facilement entraîné à faire intervenir à tout propos l'azote de l'atmosphère pour expliquer son abondance dans certains produits de la végétation.

M. Ville, pensant terminer son livre par l'exposé d'une conception qui ait les airs d'un trait de génie, nous fait la confidence qu'en 1860 il a pris un brevet d'invention concernant une grande découverte agricole qu'il a la générosité d'offrir à tout le monde. Voici les termes dans lesquels il veut bien nous faire cette importante communication, en lui donnant, bien entendu, les apparences d'une nouveauté et l'importance d'une découverte (pages 266 et 267) :

« Si on rend à la terre *la paille, les siliques et le tourteau des graines désagrégés par une décomposition préalable*, la culture des plantes oléagineuses est appelée à devenir une des plus améliorantes que la théorie puisse concevoir, attendu que la terre ne perd rien et gagne chaque année un excédant d'azote tiré de l'air et des minéraux primitivement inactifs, et devenus efficaces à la suite de la désagrégation des roches constitutives du sol. »

« Ici tout est net et précis, la doctrine comme la date; la date est maintenant loin de nous, elle remonte au 10 novembre 1860. Le texte que je viens de citer est, en effet, tiré d'un brevet d'invention pris par M. Ville pour fonder, sur un titre irrécusable, ses droits d'invention à l'égard de ce qu'il a appelé depuis *les cultures se suffisant à elles-mêmes*. (Voyez la *Sixième Conférence de Vincennes*, page 334, et le *Résumé* des mêmes, par M. Joulie, page 118.) »

Il est donc bien vrai que ne recourant plus, comme par le passé, à des paquets cachetés déposés à l'Académie des sciences, M. Ville a voulu user d'un brevet d'invention pour mettre sous l'égide de la loi la découverte éclatante dont il vient de nous faire gracieusement la révélation. Pourquoi avoir ainsi abandonné la protection de l'Académie des sciences pour sauvegarder son droit? Nous en soupçonnons le motif, mais nous ne nous y arrêtons pas, et nous constatons tout simplement que le dépôt de la découverte en question a été fait à la date du 10 novembre 1860; mais nous nous permettrons en même temps de mettre sous les yeux du public la phrase suivante, où il s'agit précisément de l'épuisement causé à la terre par la culture du colza.

« 8º Que cet épuisement serait beaucoup moindre et beaucoup moins rapide si, à l'exception de l'huile, *tous les autres produits de la récolte*, PAILLE, SILIQUES, PIEDS, TOURTEAUX, étaient restitués, sous forme convenable, au sol qui les a fournis. »

Il faut convenir que ceci ressemble, comme deux gouttes d'eau se ressemblent entre elles, à la description du brevet d'invention que nous venons de transcrire sous la dictée de M. Ville, et nous croyons être dans le vrai en affirmant qu'il y a ici un emprunt presque textuel et même quelque chose qui ressemble singulièrement à une contrefaçon, puisqu'il s'agit, du côté de M. Ville, de brevet d'invention. Ce sont les dates qui vont décider. Eh bien, Monsieur Ville, vous jouez de malheur avec vos découvertes et vos importantes révélations : la phrase que nous venons de transcrire a été imprimée un an au moins avant votre brevet, en 1859, ainsi que vous pouvez vous en assurer en lisant tout simplement les *Études comparées sur la culture des céréales*, etc., *Résumé des leçons faites à la Faculté des sciences de Caen pendant l'année scolaire 1858-1859*, par M. I. Pierre, membre correspondant de l'Institut, etc., qui n'a même pas eu la pensée de prendre un brevet d'invention.

Voilà comment M. Ville sait faire des découvertes. Ce n'est pas plus difficile que cela, et il faut avouer qu'il n'avait pas tort de ne pas aller présenter cela à l'Académie des sciences, comme étant un produit de son cru.

Nous devrions avoir fini, mais encore un mot :

Personne n'a oublié que M. Ville a proposé d'affecter à la création d'une banque d'engrais les 100 millions destinés à faciliter le drainage, somme qui est restée sans emploi. Dans ces termes généraux, la proposition pourrait être utilement étudiée, et l'on comprend que, de même que l'État a consacré 40 millions à un prêt à l'industrie afin de l'aider à renouveler son outillage, il pourrait aussi affecter une somme importante à encourager toutes les mesures qui seraient de nature à augmenter la fertilité du sol national et à venir efficacement en aide à l'agriculture, soit en favorisant la multiplication, l'élève et l'engraissement du bétail, soit encore en facilitant l'acquisition d'engrais divers que l'industrie et le commerce peuvent fournir. Comme complément de cette mesure, M. Ville, à la suite de beaucoup d'autres, demande une réforme de l'article 2102 du Code Napoléon : aux termes de cet article, tout ce qui garnit la ferme, ainsi que les produits des récoltes, sont sous la main du propriétaire à titre de privilége spécial pour les fermages échus ou à échoir. Une exception est faite cependant en faveur des sommes dues pour les frais de récolte de l'année et pour les ustensiles. M. Ville voudrait qu'on ajoutât à cette exception les sommes qui pourraient être dues pour fournitures d'engrais. Il y a longtemps que cette question est soulevée, et nous serions désolé de faire obstacle à sa réalisation, bien qu'elle nous paraisse... absolument inutile, ainsi que nous espérons le prouver quand le moment sera venu. Mais, quoi qu'il en soit, la banque en question serait autorisée à escompter les effets à quinze mois d'échéance, effets que les cultivateurs auraient souscrits aux fabricants d'engrais en payement de leurs fournitures. L'escompte des valeurs à quinze mois est une naïveté charmante, et les hommes de finance ont dû avoir là une bien haute idée des vastes conceptions de M. Ville, car c'est aussi fort que tout le reste. Mais écoutons :

« Dans cette catégorie de créances privilégiées, il faut donc comprendre les achats de bétail, surtout les achats d'amendements et d'engrais; qu'il me soit permis d'insister de préférence sur les dépenses de cette dernière nature, parce que les avantages qui s'y rattachent sont plus immédiats et me sont mieux connus; » puis plus loin, page XII : « On ne peut s'expliquer qu'aucune mesure législative n'ait encore été prise pour favoriser l'emploi d'engrais d'un titre sûr, dont le remboursement ne serait exigible qu'après la récolte. »

Enfin, dans sa réponse à M. Barral, à la page 172, à propos des effets de commerce à quinze mois de terme, il dit, de la façon la plus sérieuse : « Dans ce dessein, j'ai proposé de n'étendre le bénéfice de ce terme de quinze mois qu'à des engrais d'une composition aussi simple que facile à déterminer, et je comprenais dans cette catégorie le phosphate de chaux, les sels de potasse, le nitrate de soude, le salpêtre, les sels ammoniacaux, certaines matières d'origine animale, le guano, les tourteaux de graines oléagineuses, etc. » Si on examine avec attention l'énumération des engrais que M. Ville propose d'admettre au bénéfice des quinze mois, on voit qu'ils sont d'abord compris sous la dénomination générale d'*engrais d'un titre sûr*, puis plus loin ce sont des *engrais d'une composition aussi simple que facile à déterminer*, etc. Eh! mon Dieu! Monsieur Ville, pourquoi tant de détours et pourquoi ne pas dire tout de suite qu'on n'admettra que les engrais chimiques à l'escompte de quinze mois? Vous ne pouviez l'écrire en toutes lettres, mais c'est évidemment sous-entendu. Car enfin nous ne pouvons considérer comme engrais d'un titre sûr et d'une composition aussi simple que facile à déterminer, selon vous, le guano, les tourteaux, certaines matières d'origine animale, et encore bien moins les engrais composés. Donc, que reste-t-il en dehors de ces produits? Rien que les engrais chimiques et quelques matières minérales. C'est évident.

M. Ville en sait autant et même beaucoup plus que nous sur ce sujet, et nous sommes persuadé qu'en son for intérieur il sait que les principes qu'il met en avant conduiraient infailliblement à n'admettre à l'escompte de quinze mois que les seuls engrais chimiques pour lesquels il laisse voir à chaque instant autant de faiblesse que de tendresse.

Dans tous les cas, ce que nous venons de voir, touchant la valeur de ses idées et la mobilité de ses principes, n'est pas précisément de nature à nous inspirer une très-grande confiance.

Seulement, nous ferons observer à M. Ville que les financiers qui dirigeront la banque, et qui sont généralement très-experts pour estimer la solvabilité de leurs clients et pour fixer le chiffre du crédit qu'on peut leur accorder, se trouvant en général peu versés dans l'estimation de la valeur agricole des engrais, auront nécessairement besoin de recourir aux lumières d'un chimiste. Il faut bien penser à tout, et l'on comprend de reste que les services immenses rendus à l'agriculture par M. Ville, ajoutés à ses titres d'inventeur du système, devant lui faire conférer en cette matière les fonctions de grand juge, fonctions auxquelles il aime à préluder si souvent, comme nous l'avons vu déjà, ce sera tout naturellement M. Ville qui décidera du degré de confiance que l'on doit accorder, non pas au consommateur d'engrais, ce qui serait l'important sous le rapport du crédit, mais au fabricant, à l'industriel.

Il faudra, de plus, que la législation commerciale soit changée; et comme aujourd'hui une traite tirée sur un débiteur se stipule *valeur en marchandise*, cette énonciation générale ne suffira plus, et il faudra que l'on dise quels sont les engrais chimiques que l'on aura achetés : ce sera la censure ressuscitée pour l'appliquer aux engrais, et par suite les beaux jours de M. Ville. Voilà une combinaison scientifique!

Nous terminerons en relevant un aveu de M. Ville, qui est bon à enregistrer. La première fois qu'il aborde la question de la modification à apporter à l'article 2102 du Code Napoléon, il insiste pour qu'on comprenne dans les créances privilégiées les engrais de préférence au bétail, les engrais lui étant plus connus, dit-il, et beaucoup plus chers sans doute.

Ainsi, suivant M. Ville, le bétail doit être relégué sur le second plan, et M. Ville, qui avoue qu'il *connaît peu le bétail*, prétend donner des leçons aux agriculteurs. A notre sens, c'est l'augmentation du bétail qu'il faut favoriser; il donne de la viande, du lait, du cuir, de la laine, des matières animales et du fumier, et par suite de l'argent, avec lequel on pourra acheter des engrais chimiques si l'on veut. Que serait donc une nation qui emploierait tout son capital en engrais chimiques et n'aurait ni viande, ni lait, ni beurre, ni fromage, ni laine, etc.? Comprend-on qu'on professe une pareille doctrine pour réaliser le *sic itur ad astra!*

En résumé, ce projet montre deux choses : un gros monopole créé au profit de certains engrais à l'aide de 100 millions empruntés à l'État, et un nouveau genre de servitude pour l'agriculteur acheteur ainsi que pour l'industriel ou le commerçant vendeur, c'est-à-dire une double action sur les affaires du producteur et sur les besoins du consommateur, sans avoir besoin de travailler, bien entendu. Combien de gens seraient incapables d'imaginer une pareille combinaison! Tel est cependant le prodige de la nouvelle chimie agricole de M. Ville, et le vrai moyen de faire le bonheur de la France. Ainsi soit-il.

RÉSUMÉ ET CONCLUSIONS

Il est temps de finir, et par conséquent de conclure.

Pour cela, nous ferons simplement confirmer tou ce qui précède par des faits, par des hommes jouissant d'une grande notoriété et dont le dévouement à la cause des intérêts agricoles est aussi une garantie pour tout le monde.

Avant tout, enregistrons les faits très-graves qui se sont produits, dans ces derniers temps, dans la plupart des colonies françaises où l'on cultive la canne à sucre, et notamment à la Réunion, où l'abus d'engrais, aussi incomplets que ceux préconisés par M. Ville, a pour ainsi dire amené la ruine du sol et compromis très-sérieusement l'avenir de cette colonie. Nous allons trouver là de quoi justifier nos conclusions.

Point n'est besoin d'évoquer désormais les souvenirs de l'épuisement du sol dans la Sicile et dans la Virginie; voici des faits contemporains qui se passent près de nous, des populations ruinées et l'avenir agricole d'un pays bien intéressant gravement compromis. Puissent d'aussi tristes événements provoquer l'attention qu'ils méritent et les réflexions salutaires que l'on doit en attendre.

Vivement préoccupée de la situation déplorable de la colonie, la Société d'agriculture de la Réunion a chargé M. le docteur de Cordemoy, l'un de ses membres, de rechercher et de signaler les causes des différentes maladies qui frappent la culture de la canne à sucre d'une façon très-inquiétante.

M. de Cordemoy s'est acquitté de sa mission avec autant de patriotisme que de talent, et a communiqué à la Société d'agriculture une étude remarquable de laquelle nous extrayons seulement les conclusions que voici :

« 1º La maladie de la canne à sucre est due à une alimentation incomplète ;

« 2º Les engrais le plus spécialement nécessaires à la canne sont le phosphate de chaux et la potasse ;

« 3º L'influence de l'azote en petite quantité est utile; en grande quantité, elle est nuisible;

« 4º *L'humus* résultant de la décomposition des matières organiques *est indispensable* ;

« 5º Les engrais doivent être répartis dans toute la zone qu'atteignent les racines et non pas seulement dans le trou de la plantation ;

« 6° C'est l'abus du guano qui a épuisé le sol, en lui fournissant un excès d'azote et de phosphates solubles sans potasse. (On aurait pu ajouter : et en contribuant surtout à la destruction incessante de l'humus des terres.)

« Les insectes ne sont que l'effet du dépérissement de la canne, non sa cause.

« Autrefois le sol de l'île contenait en abondance tous les principes nécessaires à la canne à sucre. Lorsque éclata la fièvre de la spéculation, on augmenta les récoltes par l'usage du guano, dont l'influence excitante donna aux cannes des dimensions inconnues; les revenus doublèrent; il sembla que l'on possédait un agent merveilleux, capable à jamais de fixer la fortune. Mais au bout de quelques années d'illusions, le réveil fut terrible. Par sa richesse en azote, le guano avait activé la végétation, au point que quatre onces de guano par touffe de canne donnaient un produit de 30, 40, 50 k. lors de la maturité. Par cette énorme croissance, les provisions d'aliments enfouis dans la terre et qui auraient pu servir pour de longues années, ont été rapidement absorbées sans être renouvelées; un jour il n'en est plus resté assez pour nourrir la canne, et celle-ci mourant d'inanition, on l'a traitée de malade. Maladie bien réelle, en effet, celle qui provient d'un vice de nutrition; et avec elle sont survenus la langueur et les insectes parasites, le *borer*, le pou à poche blanche, etc. »

Dans sa très-intéressante chronique agricole des colonies (*Journal de l'agriculture* de 1868, tome IV, page 412), M. J. Duval, qui a également rendu compte de tous ces faits, continue ainsi :

« L'analyse des cannes malades comparées aux cannes saines a donné constamment à M. de Cordemoy un déficit considérable sur le phosphate et la potasse qui, avec la chaux, l'humus, la silice, la soude, la magnésie et l'alumine, sont les éléments constituants de la canne à sucre. Pour ces quatre dernières, le sol de la Réunion, d'origine volcanique, les contient en telle quantité, qu'il n'y a pas à craindre leur insuffisance; mais il en est autrement des quatre premiers, qui peuvent manquer plus ou moins.

« Comme conclusion pratique, M. de Cordemoy recommande de restituer, par tous les moyens possibles, aux champs de cannes le phosphate de chaux, la potasse *et l'humus* que leur enlèvent la végétation de la plante et la formation du sucre. On les trouvera dans la chaux, les cendres de paille et de bagasse, les vinasses des guildiveries (fabriques de rhum), les litières des tiges de maïs, les suints de mouton, en un mot *dans les fumiers* préparés avec les ressources qu'offre la culture locale. Au besoin, on achètera des os calcinés, du salpêtre que l'Inde fournit à des prix modérés; on utiliserait le noir animal, etc. Enfin on aurait recours, suivant la méthode européenne, à l'alternance des cultures épuisantes (cannes, maïs, tabac) et des cultures améliorantes en couverture (pois, ambravades, etc.).

« C'est la conclusion à laquelle sont arrivés de leur côté, au nom d'une commission instituée par le comité agricole de St-Denis pour expérimenter l'action comparée de divers engrais, M. Bories et M. Siere de Fontbrune. Ce dernier insiste surtout sur *la nécessité de restituer au sol l'humus*, dont l'a dépouillé rapidement l'excitation artificielle de la végétation par le guano. Autour de ces résolutions, l'accord se fait avec d'autant plus de confiance que, déduites théoriquement des leçons des maîtres de la science, elles ont été confirmées par la Société centrale d'agriculture de France, à laquelle on les a soumises. »

Tous ces faits nous donnent raison ; ils ne sont que conformes aux principes que nous avons toujours défendus. La gravité des malheurs causés par la violation de ces principes ne justifie que beaucoup trop, hélas! la résistance opiniâtre que les idées dangereuses de M. Ville ont trouvée près de nous.

*
* *

Voici maintenant, ainsi que nous l'avons promis, la lettre de M. Gilbert, de Rothamsted.

« Il est parfaitement vrai que nous avions établi M. Lawes et moi, par nos champs d'expériences et par d'autres recherches, ce que les engrais chimiques peuvent faire et ce qu'ils ne peuvent pas faire, *longtemps avant que M. Ville eût commencé ses champs d'expériences*.

« Nous avons démontré qu'à l'aide de mélanges divers nous pouvions, chaque année, produire des récoltes céréales de plus en plus considérables par rapport à celles obtenues avec le fumier. Toutefois, au point de vue économique, nous ne recommandons en aucune manière au fermier l'abandon du fumier, ce qui paraît ressortir des arguments et formules de M. Ville. Du reste ce serait impossible, à moins, comme le suggérait autrefois Liebig, que le fermier ne le brûle.

« Si l'on produit des récoltes céréales, il faut employer la paille comme nourriture ou comme litière, c'est-à-dire que dans chaque cas il faut produire de l'engrais.

« Si l'on veut produire de la viande sur des fermes

arables, il faut des récoltes de racines et autres, et produire de l'engrais.

« Dans le cas de récoltes-racines, il faut du fumier de ferme quelque part dans l'assolement, ou bien les rendements baisseront rapidement. Bien plus, si l'on se basait exclusivement sur les engrais chimiques, même les engrais minéraux purs atteindraient promptement des cours élevés, tandis que l'azote fourni par de telles sources (comme le fait remarquer Liebig en opposition à des idées que nous n'avons jamais soutenues) serait complétement insuffisant.

« Il est *possible* que de grosses récoltes de racines puissent, dans des saisons favorables, être obtenues dans plus d'un assolement (cours de rotation) successif, au moyen d'engrais minéraux seuls ; mais dans ce cas il faut que les saisons soient spécialement favorables, ou bien que le sol se ressente encore des fumures antérieures avec le fumier.

« *Nous n'avons que trop de preuves qu'une telle pratique ne peut pas être continuée avec succès.* Toutefois personne plus que nous ne préconise l'emploi étendu des engrais chimiques comme *auxiliaires* du fumier ; mais en même temps nous soutenons qu'il n'est pas économique, si même c'était possible, de maintenir un assolement luxuriant à l'aide des seuls engrais minéraux.

« Dr J. H. GILBERT. »

Nous avons extrait cette lettre du t. Ier, 1868, p. 356, du *Journal d'agriculture pratique*.

Il n'est pas un seul agronome qui n'ait conclu dans le même sens que M. Gilbert. Que devient donc le système.

Nous avons remplacé, dans cette lettre, les mots

« engrais artificiels » par les mots : engrais chimiques. Il y a là une erreur commune à beaucoup de monde, et il n'y a aucune raison pour la perpétuer. Nous connaissons bien des fleurs artificielles, mais nous ne connaissons pas d'engrais artificiel, par la raison qu'il n'en existe pas. Qui a jamais vu de la poudrette artificielle, ou de la corne, ou du sang artificiel?

***

Lors de la discussion soulevée dans le sein de la Société centrale d'agriculture, dans l'une de ses séances de mars 1868, au sujet des engrais chimiques, discussion à laquelle ont pris part MM. Chevreul, Payen, Barral, Moll et G. Heuzé, les faits recueillis en Angleterre par MM. Lawes et Gilbert ont été rappelés avec beaucoup d'à-propos, et la docte assemblée a conclu dans le même sens que M. le docteur Gilbert. (Voir même volume, p. 338.)

***

De son côté, M. E. Risler, ancien professeur à l'Institut agronomique de Versailles, et présentement agriculteur en Suisse, a motivé son jugement dans les termes qui vont suivre. Qu'il nous soit permis de rappeler que M. Risler est l'un des hommes les plus indépendants parmi ceux qui honorent aujourd'hui l'agriculture militante, en même temps qu'il est l'un des plus vaillants soldats de la cause agricole.

« Le radicalisme le plus absolu consiste à *remplacer* le fumier de ferme par les engrais chimiques. M. Boussingault et la plupart de nos chimistes les plus distingués les considèrent comme *un complément du fumier de ferme toujours nécessaire* dans les systèmes de culture de l'Europe.

« TOUTES LES EXPÉRIENCES *que M. Ville cite comme ayant été faites par lui, à Vincennes, ne sont qu'une copie vague et incomplète, quoique photographiée, des expériences faites longtemps auparavant, et publiées dans le* Journal de la Société *royale d'agriculture d'Angleterre, par MM. Lawes et Gilbert.*

« Ainsi la fameuse expérience où M. Ville compare les engrais minéraux seuls, les engrais azotés seuls, et enfin les engrais à la fois minéraux et azotés, avec du sable calciné ou une terre quelconque sans engrais, a été faite et répétée à Rothamsted, chaque année, de 1844 à 1861. (Voir les volumes XII et XIII du *Journal de la Société royale d'agriculture d'Angleterre.*)

« *La formule de l'engrais complet de M. Ville se trouve indiquée par ces Messieurs ; sa méthode d'analyse, ou plutôt d'expérimentation, ses engrais spéciaux pour les diverses plantes, tout se trouve dans les mémoires de MM. Lawes et Gilbert.*

« La plupart des expériences de MM. Lawes et Gilbert ont été répétées ou du moins citées par des chimistes allemands, et il y a longtemps qu'elles sont connues en France. Leurs résultats, qui ont du reste confirmé ceux des recherches de M. Boussingault, sont admis dans la s ience, et comme tels reproduits dans tous les traités de chimie agricole publiés en France depuis dix ans.

« Mais tous ces chimistes n'ont présenté la possibilité de remplacer le fumier de ferme par des engrais chimiques qu'à titre d'expériences. Ils en ont indiqué la possibilité physique, mais ils ne l'ont pas conseillé au point de vue économique. Ils n'ont pas offert aux agriculteurs des recettes merveilleuses pour s'enrichir, et en même temps donner le pain et la viande à bon marché. C'est peut-être pour cela qu'on les oublie. Nous sommes toujours un peu athéniens; pour que notre attention soit éveillée, il nous faut du prodige, ou couper un bout de queue au bon sens.

« *Je prétends qu'il n'y a que des situations très-rares et très-exceptionnelles dans lesquelles les engrais chimiques puissent être avantageusement substitués au fumier de ferme.* »

A l'appui de ces affirmations, M. Risler a produit des chiffres qui confirment ceux que nous avons publiés dans le cours de ce travail et desquels il ressort évidemment que tout l'avantage économique est en faveur du fumier de ferme, contrairement aux affirmations de M. Ville. (Même volume, p. 258.)

« M. G. Ville considère l'utilité des matières hydrocarbonées que renferme le fumier, et de l'humus qu'elles fournissent au sol, comme plus que problématique (p. 94 des *Engrais chimiques*). Dans les formules d'assolement, qu'il prie ses lecteurs de vouloir bien essayer à leurs frais (p. 79), il brûle sans façon la paille et les siliques de colza, et n'emploie que leurs cendres. Ici il est assurément très-radical et très-original en même temps.

M. de Liebig avait dit qu'au lieu de se donner la peine de conduire un char de fumier aux champs, il valait tout autant le brûler et n'employer que ses cendres. Aucun cultivateur n'a consenti à essayer de ce procédé, et je doute qu'on consente aujourd'hui à essayer la deuxième édition qu'en offre M. Ville.

« M. de Liebig lui-même a aujourd'hui modifié son opinion sur l'humus, et il reconnaît son utilité. Cette utilité est basée sur des expériences qu'il n'est permis d'ignorer à aucun de ceux qui prétendent devenir les réformateurs de l'agriculture. L'absorption directe des acides bruns que forme l'humus peut être contestée, mais n'en est pas moins parfaitement prouvée. »

M. Risler fournit, à l'appui de cette thèse, des faits nombreux *qui prouvent*, mais que nous ne rapportons pas ici, afin d'abréger, et parce que nous les avons indiqués déjà dans le cours de la discussion. Puis l'éminent agriculteur du canton de Vaud ajoute :

« Une agriculture en pots se passe de ces propriétés ; Elle fait la pluie et le beau temps au moyen des arrosoirs et des serres vitrées. Mais nous autres agriculteurs, qui sommes forcés de conquérir nos modestes revenus en luttant tantôt contre les extrêmes de l'humidité, tantôt contre ceux de la sécheresse, nous sommes toujours heureux d'avoir pour auxiliaire l'humus de nos terres, qu'on pourrait appeler le *régulateur* de la nutrition des plantes ; et si cet humus n'a pas, comme les matières très-azotées, les phosphates ou les alcalis, une valeur assez grande, relativement à son poids, pour payer des frais de transports lointains, nous cherchons par nos assolements à le créer sur place.... Emettre un doute sur l'utilité de ces matières, c'est...., je laisse au lecteur le soin de terminer. »

M. Risler dit encore avec beaucoup de raison, à propos de quelques essais comparatifs entre les engrais chimiques et le fumier de ferme : « Dans quel état étaient ces fumiers? On n'en dit mot. » En fait, c'est là une objection capitale, car, que de fois nous avons vu donner le nom de fumier à de maigres pailles qui n'étaient guère que chiffonnées, et peu aptes, par conséquent, à être assimilées par les récoltes à défaut d'arrosages fréquents et d'une fermentation soutenue.

· « M. Ville a-t-il tenu compte de toutes ces circonstances dans les essais qu'il cite comme faits par lui ou par d'autres? Il devra en tenir compte dans les essais qu'il conseille de faire, dans cette espèce d'enquête générale sur les engrais chimiques qu'il propose aux agriculteurs. Très-bien. Mais alors pourquoi n'attend-il pas les conclusions de cette enquête avant de condamner le fumier de ferme?

« ....Je n'ai trouvé dans le livre aucune preuve nouvelle.... Je suis intéressé plus que bien d'autres dans la question. Mon fumier me coûte 14 fr. 50. Je n'en ai jamais assez. Tous les printemps je gémis en voyant ma fosse vide avant d'avoir pu couvrir d'engrais toutes les pièces de terre qui en auraient besoin. Du reste, je pourrais facilement vendre mon fumier 17 ou 18 fr. aux vignerons du voisinage. Si je trouvais moyen de le remplacer par des engrais chimiques, quelle bonne affaire !

Mais, hélas! voilà dix ans que je cherche à résoudre c^{e} problème, et je n'y ai pas encore réussi. J'ai essayé du guano du Pérou, du phospho-guano, de la poudre d'os traitée et non par l'acide sulfurique, du sulfate d'ammoniaque, du nitrate de soude, du sel de potasse de Stass'furt, et de bien'd'autres. J'en reviens toujours à l'antique fumier de ferme. Il est vrai que la plupart des engrais commerciaux sont beaucoup plus chers ici que dans les environs de Paris... etc.

« Toute théorie qui exagère l'utilité des engrais chimiques profite plus aux fabricants d'engrais qu'aux agriculteurs; elle fait la hausse.... Ne confondons pas la possibilité physique des choses avec leur possibilité économique. » (Même volume, p. 389.)

Tout cela est absolument conforme à ce que nous avons publié sur ce sujet, en 1866 et 1867, dans le *Journal de l'agriculture*, et nous sommes très-heureux de nous trouver en parfaite harmonie d'opinion avec un agronome aussi distingué que M. Risler.

* *

M. Alex. Perrot, agriculteur dans le Loiret, et président du comice d'Orléans, s'est exprimé ainsi, au sujet de la doctrine, dite scientifique, de M. Ville :

« Cette année, un expérimentateur ingénieux a traduit l'agriculture à la barre de la Sorbonne, où très-probablement il ne se trouvait aucun agriculteur praticien et bien peu de savants ayant étudié l'art agricole ailleurs que dans leurs laboratoires. Rien de plus simple pour le novateur que la culture. Il la réduit presque à cet axiome : soit un champ d'un hectare, de fertilité moyenne ; procurez-vous des engrais chimiques dans les proportions qu'il détermine : phosphate acide de chaux, potasse épurée, chaux et sulfate d'ammoniaque ; du tout pour 427 fr. 50, et vous aurez quatre récoltes successives ; dès la première année vous obtiendrez 35 hectolitres de froment et 5,000 kilogrammes de paille ; c'est là son minimum. Le blé ne reviendra donc qu'à 10 fr. l'hectolitre. Dès lors, l'agriculture n'aura plus à s'inquiéter ni à craindre l'importation des blés étrangers.

« Que d'illusions ! que de démentis donnés à une pratique éclairée et à tous les savants qui se sont occupés, avec un si louable désintéressement, de la science agricole ! Jamais l'on n'a autant dédaigné l'utilité, la nécessité du fumier de ferme et du bétail, ni autant méconnu le rôle que jouent l'humus et les circonstances atmosphériques sur les récoltes. » (Bulletin n° 40 du Comice agricole d'Orléans. Juin 1866.)

* *
*

M. J.-C. Crussard, ancien directeur de ferme-école, a eu également occasion de motiver son opinion au sujet de la doctrine très-risquée de M. Ville, et, comme M. E. Risler, de formuler nettement ses raisons, d'en déduire le parce que, au lieu de s'en tenir à des affirmations ou à des dénégations qui ne sont que banales quand elles ne sont pas ridicules.

Nous apprécions d'autant plus ce que M. Crussard a dit à ce sujet, que peu d'hommes savent descendre, comme lui, au fond des questions. Ce qu'il dit a toujours le mérite d'avoir été étudié avec un grand soin, et d'être formulé avec une sincérité de conscience qui ne saurait être trop appréciée, et qui donne à ses paroles un très-grand poids.

A défaut de pouvoir reproduire tout l'exposé, donnons les conclusions de ce digne vétéran de l'agriculture.

« Résumons-nous et concluons.

« Ce n'est pas dans le produit d'une première, ni même d'une deuxième récolte que réside la valeur d'un engrais chimique quelconque.

« A composition égale, et lorsque leurs principes immédiats sont également assimilables, tous les engrais ont une valeur fertilisante égale.

« Dans ce cas, la raison de préférer les uns aux autres ne peut être que dans une différence de valeur vénale.

« Si leurs principes immédiats sont également assimilables, mais plus ou moins promptement, la valeur fertilisante n'en est point affectée. Ce n'est alors qu'une question de temps et d'intérêt d'argent.

« Ainsi 100 kilog. d'azote appliqués sous la forme de fumier rendront tout autant, mais plus lentement, que 100 kilog. de la même substance à l'état d'engrais chimique, appliqués en plusieurs fois pendant le même temps.

« Ils rendront même plus, non-seulement parce qu'il

y a dans le fumier des principes utiles qui ne se rencontrent pas dans les engrais chimiques, mais encore par d'autres raisons qui ne peuvent trouver place ici et que j'ai développées mathématiquement dans mes *Principes d'agriculture rationnelle*, pages 328 à 336.

« Le fumier est donc le meilleur de tous les engrais. C'est aussi le moins cher dans la plupart des circonstances, lorsqu'on établit sur des bases exactes son prix de revient.

« Après le fumier viennent les engrais plus ou moins riches en matières organiques, comme le guano du Pérou, les engrais à base de substances animales, la poudrette, les tourteaux, etc., à la condition de les compléter par des substances alcalines ou phosphatées qui peuvent leur manquer.

« Quant aux matières salines qui constituent les engrais chimiques proprement dits, elles ne peuvent être employées que comme compléments ou auxiliaires d'autres engrais. Il n'est pas possible qu'à elles seules elles créent une fertilité durable. Elles ne peuvent conduire qu'à l'effritement successif du sol, et cet effritement sera d'autant plus rapide que les produits qu'on en obtiendra d'abord seront plus considérables. Voilà ce que la raison et l'expérience enseignent. Il n'y a pas de meilleur moyen pour tuer la poule aux œufs d'or. »

Nous avons emprunté cette citation au *Journal d'agriculture progressive*, n° du 4 avril 1868, p. 365. M. Vianne, directeur de ce journal, a dit à ce propos, dans sa Chronique : « Il n'y a de réellement nouveau dans le système de M. G. Ville, que son *absolutisme.* »

* *

Nous devons une mention toute spéciale aux appréciations de M. E. Le Leurch, ancien élève de Grand-Jouan, ancien chef des cultures chez M. Liazard, et que la mort vient d'enlever si jeune au moment où il commençait à professer l'agriculture avec un talent incontestable :

« Dans ses conférences à Vincennes, et dans celle désormais fameuse de la Sorbonne en 1865, conférence reproduite avec tant de complaisance par le *Moniteur universel*, M. Ville croyait avoir réuni assez de preuves pour affirmer qu'avec des engrais exclusivement chimiques de sa composition, la fertilité d'un sol se soutiendrait, et augmenterait même considérablement. A l'appui de sa thèse il faisait figurer des rendements de... 46 hectolitres de blé à l'hectare, obtenus sur les terrains réputés infertiles de la ferme expérimentale de Vincennes....

« ... Ces résultats, que l'on n'obtiendra jamais sur de grandes surfaces, exposés avec cette brillante méthode qui est le principal mérite de M. Ville, devaient séduire un auditoire public sur lequel le charme oratoire produit toujours son effet. Malheureusement, la parole du professeur ne se faisant plus entendre, le charme disparaît, et il reste les chiffres et les mots. L'enseignement de M. Ville a donc été contrôlé, ses chiffres pesés, et il s'en est peu fallu qu'il n'ait été traité de mystificateur.

« Passés à la dissection, voici ce que signifient les chiffres de M. Ville :

« Les trois récoltes consécutives obtenues avec son engrais complet ont enlevé au sol, en azote :   281 k.

« La quantité d'azote apportée dans le sol par l'engrais complet dont nous avons donné la composition est de :   143

« Les récoltes ont donc enlevé de plus que l'engrais n'a fourni au sol :   · 138 k.

« Est-ce que ces 138 kil. d'azote sont un gain net produit par l'absorption des gaz atmosphériques ? Nous allons voir :

« D'abord le sol soit-disant infertile de Vincennes produit encore 33 hectolitres de blé pendant trois ans sans un atome d'engrais. Ces 33 hectolitres représentent en azote :   67 k.

« Il reste donc à trouver la source de :   71 k. faisant la différence entre l'azote fourni en toute évidence par l'engrais et le sol, et celui enlevé par les récoltes.

« Notre honorable et savant ami M. Crussard, qui s'est particulièrement occupé des questions ayant trait à la fertilisation du sol, pense qu'il faut conclure de ces chiffres que le sol de Vincennes, déjà assez fertile pour produire, sans engrais d'aucune sorte, 33 hectolitres de blé dans le même laps de temps, contenait en réserve, et à l'état insoluble, des matières azotées devenues immédiatement solubles par le contact des sels minéraux apportés par l'engrais.

« Cette hypothèse est la seule admissible. Les travaux du baron de Liebig et surtout les recherches de M. Isidore Pierre sur la quantité d'azote que pouvait renfermer le sol à diverses profondeurs ne permettent pas de supposer qu'il existe, à l'état vierge, de sol complétement infertile,

17

et tel doit être, disons plus, tel est assurément le sol du jardin expérimental de la ferme de Vincennes.

« M. Ville explique la chose plus simplement. N'ayant pas analysé le sol où il expérimentait, il trouve plus simple de couvrir cette erreur d'expérimentation par une déclaration trop peu scientifique pour passer inaperçue. Selon lui, cet excédant d'azote enlevé par la récolte et qui s'élève au chiffre respectable de 71 kil. a été entièrement fourni par l'atmosphère.

« Ce serait une belle chose pour l'agriculture, assurément, si l'atmosphère se chargeait d'une participation aussi large dans la production des récoltes. Ce serait autant d'argent d'économisé sur les acquisitions d'engrais de toute nature.

« Malheureusement la théorie de M. Ville est plus brillante que solide, et les agriculteurs devront, comme auparavant, et nonobstant les expériences faites dans le jardin de Vincennes, ne pas compter beaucoup sur le secours de l'air, en ce sens du moins. Les remarquables expériences de M. Boussingault sont concluantes à cet égard.

« Partant d'un principe faux, le remplacement du fumier de ferme par un engrais exclusivement chimique, et mû par des intérêts personnels trop ouvertement mis à jour par la demande de création d'une banque des engrais au capital de cent millions de francs, le conférencier de Vincennes devait s'attendre à soulever bien des oppositions, et c'est ce qui est arrivé.

« Ce que nous venons d'écrire n'est pas la seule chose à considérer dans ce que quelques maladroits amis ont dénommé le *système Ville*. Nous disons cela à dessein, car, en définitive, ce que nous avons déjà vu du système n'est pas brillant. Quant à ce qui nous reste à voir, nos lecteurs pourront juger, lorsque les faits et les dates lui auront été soumis, si cette pratique de simples fermiers anglais peut consciencieusement être travestie en un système d'origine française auquel on accolerait le nom de M. Ville.

« Le système de M. Ville donc, puisqu'il faut bien parler le langage vulgaire, consiste encore à donner au sol un engrais chimique dont la composition élémentaire se règle sur la dominante d'absorption de la récolte. Ainsi cet engrais sera composé en plus grande partie d'azote quand il s'agira de produire des céréales, de phosphate quand on voudra produire certaines racines, de potasse lorsqu'on visera à obtenir certaines autres, etc. La connaissance de la composition chimique élémentaire des plantes cultivées devient donc une nécessité avec ce système. Cette nécessité, disons-le bien vite, n'est pas un mal, tant s'en faut. Les agriculteurs gagneraient, sans aucun doute, à connaître un peu de chimie, surtout la chimie agricole.

« Là où nous voyons le mal, c'est dans l'application exclusive à tous les sols d'un engrais purement chimique, ne contenant pas un atome de substances organiques devant constituer l'*humus*, comme dans tout autre engrais normalement composé. Dans sa conférence de la Sorbonne, M. Ville a fait abstraction complète de l'humus et n'a pas voulu paraître se douter du rôle important et complexe que jouent les matières organiques dans la végétation des plantes.

« Substituer les sels chimiques au fumier de ferme est une idée plus que vieille déjà, qui a pu avoir la vogue momentanée de toutes les nouveautés hardies, mais qui n'a pas résisté à l'expérience et aux faits. Or, voici ce que disent les faits sainement interprétés : le fumier, quelque bien fait qu'il soit, est toujours insuffisant pour entretenir la fertilité d'un domaine rural qui exporte des grains, des bestiaux, des laines. Il faut à ce fumier un ou plusieurs compléments ou adjuvants, selon l'expression de M. Chevreul. Par cela même qu'une ferme exporte, elle doit importer au moins l'équivalent, sous forme d'engrais, à peine de ruiner le sol dans un temps donné.

« Ces compléments ou adjuvants sont les engrais industriels ou chimiques, les sels ammoniacaux, les sels alcalins, etc. Tant que l'humus dure dans le sol, leurs propriétés et leur efficacité semblent les mêmes. Quand il a disparu, leur puissance productive et celle du sol s'en ressentent plus ou moins vite, mais à coup sûr. Et ce phénomène a toujours lieu, doublât-on, triplât-on la dose de l'engrais chimique. C'est en cela surtout que se distinguent les bons agriculteurs ; ils ne commettent d'excès ni dans un sens ni dans l'autre.

« Ces vérités étant admises, si nous cherchons dans le système de M. Ville une nouveauté réelle, nous n'en trouvons pas, même en ce qui concerne la suppression du fumier de ferme, idée vieille et mauvaise, ressuscitée du baron de Liebig et de Nérée Boubée.

« En contribuant ainsi, avec l'autorité que lui donne sa position de professeur de physique végétale au Muséum, à vulgariser les consciencieuses études de MM. Lawes et Gilbert, fermiers du domaine de Rothamsted, en Angleterre, M. Ville a prouvé, pour nous, que de la chaire qu'il occupe peuvent descendre parfois des vérités anglaises utiles à notre agriculture.

« M. Ville affirme aujourd'hui qu'il n'a jamais songé à supprimer le fumier de ferme. Il n'a voulu que lui apporter un appoint pour les circonstances trop fréquentes où il est insuffisant. Cette nouvelle déclaration a été acceptée comme une conversion, un retour aux bons principes, mais n'a pas suffi pour adoucir ses adversaires. Rien de mieux, au reste, que cette profession de principes. Ce sont là les principes fondamentaux de la bonne agriculture, enseignés longtemps avant que

M. Ville s'occupât de physique végétale. M. Chevreul, l'éminent chimiste, a depuis longtemps écrit que les engrais chimiques ne devaient être considérés que comme des adjuvants du fumier de ferme. L'enseignement de nos professeurs de chimie agricole n'a jamais varié sur ce point, et, dans la théorie comme dans la pratique, cela est passé en axiome.

« Quelque brillante qu'ait été un moment la personnalité de M. Ville, elle n'a pu avoir pour résultat de supprimer d'un trait de plume les travaux plus instructifs des Chevreul, Boussingault, Malaguti, Isidore Pierre, de Liebig, Girardin, Bobierre et autres.

« Ce qui, chez M. Ville, a surtout froissé l'opinion publique, c'est son déni de justice systématique à l'endroit des travaux qui lui ont tracé la voie et ont éclairé sa marche. Les préférences de telle ou telle plante pour tel ou tel des éléments principaux des engrais, présentées par M. Ville sous la forme d'une théorie des dominantes d'absorption de chaque espèce de récolte, ont été signalées avec beaucoup de détails pratiques par **M.** Malaguti, alors professeur de chimie agricole à la Faculté des sciences de Rennes; mais l'honorable professeur a fait remonter vers qui de droit le mérite de cette remarquable et consciencieuse étude. MM. Lawes et Gilbert ont fait, de 1851 à 1859, c'est-à-dire pendant une succession non interrompue de sept années, sur le domaine de Rothamsted (Angleterre), des expériences avec divers engrais et diverses espèces de récoltes afin d'essayer de constater les préférences ou les appétits particuliers de chacune des plantes ordinairement cultivées. Il est à remarquer que MM. Lawes et Gilbert sont arrivés au même résultat que M. Ville, avec moins de précision mathématique si l'on veut, car ils n'opéraient pas dans un jardin ni dans un laboratoire, mais en plein champ et sur des surfaces relativement grandes. Cela prouve deux choses: la première, que la théorie des dominantes est exacte; la seconde, que MM. Lawes et Gilbert avaient droit au moins à une mention de la part de M. Ville [1].

« Une chose qui ressort également des expériences de Rothamsted, c'est qu'un apport continu de sels chimiques, cet apport dépassât-il même les besoins de la végétation normale, ne suffit pas à maintenir la production. Il faut indispensablement revenir au fumier, c'est-à-dire aux matières organiques, à l'humus, sans quoi la terre se refuse à produire. C'est probablement cette conclusion désintéressée des expériences de MM. Lawes et Gilbert qui a empêché M. Ville de les citer.

« En somme, si l'augmentation de 200 millions d'hectolitres de blé par année, promise par M. Ville à l'agriculture dans sa conférence de la Sorbonne, ne sera ja-

---

1. Les Chinois (qui n'ont pas eu l'honneur d'inventer le vaudeville) ont connu, bien avant les peuples nés malins, l'art si simple, mais si judicieux et si rationnel, de se rendre compte des aptitudes de chaque espèce de terrain pour tel ou tel engrais. Il y a seulement 3,000 ans que le *Tcheou-li*, traduit en 1851 par M. Ed. Biot, fils de l'illustre collaborateur de l'illustre Arago, a publié ce qui suit, page 611 de la traduction, à propos de l'opération du pralinage pratiquée en Chine.

Commentaire A. « Avec le jus des os de bœuf on purifie les semences. » Commentaire B. « En général, on emploie, *pour fumer les semences*, le jus extrait des matières cuites. On fait cuire les os, on macère les grains dans le jus ainsi extrait, et on les sème sur les terrains des neuf espèces. *Alors on peut connaître ce qui convient à l'essence productive de chaque terre et en séparer ce qui est mauvais.* C'est ce que le texte appelle l'art de transformer les terres. S'il s'agissait de fumer les champs, comment pourrait-on fumer les terres des neuf espèces avec le fumier de grand cerf, de cerf ordinaire, de renard, de blaireau que l'on peut avoir? Effectivement, il y en aurait trop peu. »

3,000 ans! c'est bien compromettant pour la prétendue paternité que M. Ville invoque si hardiment aujourd'hui en faveur de son génie inventif!

mais qu'une utopie, il ne faut pas méconnaître pour cela le rôle important que doivent jouer les engrais chimiques dans la fertilisation des terres. Ce sont des auxiliaires toujours très-utiles et souvent indispensables. Leur substitution au fumier de ferme peut avoir lieu sans danger dans certaines circonstances, principalement lorsque le sol est riche en matières organiques ou humus. Mais tôt ou tard le fumier, ce roi des engrais parce qu'il en est le moins incomplet, doit reprendre sa place. C'est pour avoir d'abord méconnu cela, sans avoir pu prouver la vérité du principe contraire, que les conférences de M. Ville ont perdu de leur sérieux.

« Le brillant conférencier de Vincennes était, il y a peu de jours encore, pris à partie par M. F. Rohart qui est resté constamment dans la vérité absolue et dans la saine interprétation des faits. Au point où est venue la discussion, il est plus que douteux que le système de M. Ville puisse tenir contre les arguments serrés et l'impitoyable logique de son adversaire [1]. »

Afin d'abréger, nous dirons que tous les hommes compétents qui ont eu occasion de discuter sérieusement les idées de M. Ville et d'examiner de près ce qu'il a appelé sa doctrine scientifique, ont tous confirmé nos dires. Il n'est pas un seul des griefs que nous avons articulés contre le prétendu système, qui n'ait reçu sa consécration par différents agronomes d'une valeur incontestable. De ce nombre sont MM. Du Peyrat, directeur de la ferme-école de Beyrie; Pépin-Leballeur, ancien élève de l'École

---

1. *Moniteur du Calvados*, numéro du 17 novembre 1867.

polytechnique, agriculteur et manufacturier à Coutançon ; E. Gueymard, doyen de la Faculté des sciences de Montpellier ; P. Madinier, directeur du *Journal de l'agriculture coloniale*, etc., etc. ; desquels nous avons reproduit les appréciations lors de la première critique que nous avons faite du système dans le *Journal de l'agriculture*, fondé par M. Barral.

*
* *

Maintenant, et pour terminer, nous reproduirons quelques-uns des témoignages que nous avons reçus de plusieurs agriculteurs et qui prouvent deux choses : savoir, que les engrais chimiques ne possèdent pas plus que d'autres l'infaillibilité que M. Ville veut bien leur attribuer au profit de sa cause, et qu'enfin les produits de l'industrie, tant décriés par M. Ville, donnent encore des résultats meilleurs et plus économiques que ceux qu'il a cru devoir exalter en vue d'une banque des engrais et d'un très-gros monopole.

Pour ne citer que des faits, MM. Texier, Roullet et Renault frères, agriculteurs et distillateurs, nous ont écrit des Deux-Sèvres, à la date du 28 septembre, 1868 : « Jusqu'à présent, les engrais chimiques qui ont été employés dans les terres calcaires de nos contrées n'ont produit aucun résultat appréciable. »

Puis, voici M. Saunier qui déclare dans le *Journal d'agriculture pratique*, n° du 10 septembre 1868, que « chez lui l'engrais dit complet de M. Ville a été battu par l'engrais Lamotte. »

A propos des essais comparatifs tentés cette année, nous avons également reçu de M. Ch. de Mersey quelques réflexions critiques et une proposition très-libérale que nous devons signaler, et que nous appuierons par une réponse péremptoire. M. de Mersey nous dit :

« ... Quant aux expériences conseillées par M. X., dans son journal, elles ne nous apprendront rien de plus que ce que nous savons et qui est écrit partout, savoir que dans l'état actuel des choses il est absolument impossible de cultiver normalement et d'une manière continue sans le concours de l'humus, quoi qu'en puisse dire M. Ville. Ce bel amour pour une prétendue nouveauté qui n'est qu'un non-sens, n'aura d'autre résultat que d'augmenter le nombre des victimes qui veulent bien prendre tout cela au sérieux.

« Assez d'expériences ! Qu'on arrive donc au fait en montrant à l'agriculture — qui cherche la lumière — les résultats financiers d'une opération embrassant toute une exploitation basée uniquement sur l'emploi des engrais chimiques. Alors chacun pourra y voir clair, et nous saurons à quoi nous en tenir. Et puisque M. Ville est si riche, puisqu'il répète sans cesse, à qui veut l'entendre, qu'il a 30,000 fr. de rentes, pourquoi son amour de l'agriculture n'irait-il pas jusqu'à prendre l'initiative d'une semblable opération, au lieu de s'en tenir à quelques semis dans des plates-bandes ?

17.

« Qu'on choisisse, dans les environs de Paris, une propriété de 15 à 20 hectares, par exemple, dont on fera deux petites fermes égales sous tous les rapports; que pendant deux ou trois rotations elles restent constamment soumises à des expériences comparatives bien suivies, sans fumier, sans autre engrais que ceux préconisés par M. Ville, et même, si l'on veut, comparativement avec les autres engrais de l'industrie ou du commerce, mais de manière à développer, à l'aide de ces derniers, une abondante production de fourrages correspondant toujours à une abondante production de fumiers, et alors on pourra conclure sérieusement des deux côtés, surtout en ayant soin, pendant les trois dernières années, de pratiquer les mêmes ensemencements dans les deux fermes, mais sans employer aucune espèce de fumures, afin d'épuiser celles employées précédemment.

« Dans ces conditions on pourrait dire que la terre et les plantes ont parlé, car le compte financier de chaque opération ferait la lumière. Et, à défaut de l'initiative de M. Ville en faveur d'un pareil projet, je vous déclare que s'il était demandé une cotisation pour les frais de cette expérience-là, je m'inscrirais volontiers. Qu'en dites-vous ? »

Nous en disons que ce serait le seul moyen sérieux de faire avancer la question au profit de tout le monde; mais comme en réalité les expériences dont parle M. de Mersey ont été déjà pratiquées en Angleterre, par MM. Lawes et Gilbert, et qu'il a fallu y renoncer parce que les résultats économiques ont été négatifs, nous pensons que la même idée, très-judicieuse en principe, pourrait être appliquée d'une autre façon, mais toujours de manière à en faire ressortir des enseignements nouveaux d'une importance réelle pour l'agriculture, ainsi que vient de le faire M. Gareau dans sa terre de Seine-et-Marne, où, à défaut de fumier de ferme, les engrais industriels vont alterner désormais avec l'enfouissement des engrais verts, de manière à fournir toujours au sol, à la faveur de ces derniers, son contingent d'humus, tout en apportant, à l'aide des engrais de l'industrie, l'azote organique, ou nitrique, ou ammoniacal, ainsi que les phosphates, les biphosphates et les sels alcalins nécessaires à chaque récolte, et toujours en tenant compte de la nature des terrains et des besoins spéciaux à chaque culture. C'est ainsi du moins que nous venons de commencer.

De cette façon, M. Gareau va réaliser l'opération conseillée avec tant de raison, par M. de Mersey, comme moyen de prouver s'il est économiquement possible de se passer — au besoin — de fumier de ferme, et si, dans ces conditions, l'opération est réellement avantageuse.

C'est là un très-grand point, une tentative des plus intéressantes, et l'agriculture y trouvera certainement bien des données utiles ; car la question de l'insuffisance des fumiers est et sera toujours une grosse question ; elle est la préoccupation presque constante des agriculteurs. Pas d'illusions, pas d'opérations basées sur des probabilités ou des espérances ! Il faut que chacun soit sérieusement éclairé et sache exactement sur quoi compter.

En ce qui nous concerne, nous sommes bien fermement convaincu que M. Gareau réussira, et nous en prendrions volontiers à témoin cette déclaration toute récente d'un agriculteur éminent, M. le comte de Kergorlay, nous disant, en plein dîner de l'agriculture : « Monsieur, mes résultats comparatifs de cette année sont tout à votre avantage ; j'ai obtenu un rendement de 43 hectolitres de froment à l'hectare, et c'est à vos produits que je les dois. » Espérons que M. de Kergorlay voudra bien porter ces faits à la connaissance de la Société centrale d'agriculture, et préciser dans quelles conditions de dépense il a obtenu de tels résultats.

Cela dit en réponse à la question de M. de Mersey, voici le complément de la lettre qu'il nous a fait l'honneur de nous adresser et dans laquelle mention est faite de la possibilité de produire à la ferme de très-bons engrais lorsque les fumiers font défaut :

« J'ai cessé d'avoir recours à vos excellents produits, parce que vous avez eu la générosité de nous indiquer les moyens d'en faire nous-mêmes, et pour mon compte je vous en conserve une profonde reconnaissance. Au moyen des riches composts que j'ai fabriqués chaque année, de plus en plus, en suivant vos indications aussi sûres que désintéressées, j'ai produit d'abondants fourrages et doublé le nombre de mes bestiaux. Je me plais à vous le redire parce que tous les agriculteurs progressifs qui vous ont lu, écouté et connu comme moi, Monsieur, vous doivent aussi les mêmes bons témoi-

gnages, en réponse aux personnalités inqualifiables de
votre bruyant contradicteur.

« Vous nous avez instruits et poussés en avant, sans
que nous ayons jamais eu à nous repentir. Vous avez
forcé l'industrie des engrais à devenir honnête, et le premier vous nous avez vendu à des prix déterminés et vrais,
chacune des substances contenues dans vos produits.
Vous nous avez raisonné et appris l'utilité et l'importance
de l'azote, des phosphates, de la potasse, de la
chaux, etc., etc., et vous avez eu soin de nous indiquer
les proportions et les dominantes pour telles terres et
telles plantes.

« Après cela, Monsieur, que puis-je vous dire des prétendues doctrines nouvelles de M. G. Ville qui causent tant
d'émoi. N'aurez-vous donc rien à nous dire en réponse
à tout cela, vous en qui j'aurais le plus de foi ? Décidez-
vous donc, il en ressortira encore d'utiles enseignements
pour nous. »

Nous croyons avoir à peine besoin d'ajouter que
cette lettre nous a vivement touché. Nous ne devions
pas répondre à M. Ville, mais la lettre qu'on vient
de lire nous a déterminé, dans l'espoir de donner
satisfaction aux espérances si délicatement motivées
par M. de Mersey.

Encore un dernier mot.

La perturbation causée par les idées excessives de
M. Ville n'aura été que passagère, mais désastreuse,
puisqu'elle aura eu principalement pour résultat de
faire la hausse des matières fertilisantes, et en particulier du sulfate d'ammoniaque s'élevant très-rapidement de 32 fr. à 50 fr., ainsi que la plupart des

autres produits. L'industrie va y gagner, mais l'agriculture va y perdre, et, comme toujours, c'est encore elle qui aura payé les pots cassés et fait les frais des fredaines de M. Ville. Dès le début, nous avions prévu ce résultat, et il ne s'est produit avec une intensité si regrettable que parce que le prétendu novateur a trouvé trop facilement crédit auprès de quelques hommes imprudents qui ont beaucoup trop encouragé ces folles idées et qui n'ont tenu aucun compte des dangers que nous avions signalés, à l'origine même du débat.

Un seul bienfait restera incontestablement. Sous l'influence du bruit qui s'est fait autour de la doctrine, et surtout grâce aux appuis que celle-ci a rencontrés, la curiosité a été très-vivement surexcitée, et tel agriculteur qui n'avait jamais voulu entendre parler d'azote, de phosphates, d'alcalis, s'est trouvé entraîné dans le courant général et grossira désormais le flot des consommateurs d'engrais. Sous ce rapport, un grand pas a été fait, c'est certain ; mais finalement, c'est encore l'industrie, le commerce des engrais et les marchands d'annonces qui y gagneront le plus ; car M. Ville n'aura fait que leur élargir la voie aux dépens de l'agriculture, puisque toutes les matières premières sont en hausse.

Nous maintenons que le bon résultat général qui s'est produit brusquement, mais en jetant une perturbation très-regrettable dans le prix des matières premières, se serait produit de lui-même, sans secousse, avec le temps seul, par la force même des choses, et sans compromettre les intérêts de l'agriculture par une hausse que l'on a très-imprudemment provoquée. Aujourd'hui donc, voilà nos craintes réalisées : les conseilleurs ne seront pas les payeurs.

Quant à l'ensemble de la question, nous résumons ainsi notre intervention personnelle dans ce débat : Nous ne sommes jamais entré dans l'arène que pour y défendre des principes, et tant qu'il se rencontrera des esprits assez audacieux pour violer ces principes, nous serons toujours prêt à les défendre, sans nous préoccuper des importances personnelles ni des petites convenances particulières.

FIN.

TABLE DES MATIÈRES

PRÉFACE I

But de l'ouvrage : on fera l'examen de la prétendue doctrine de M. G. Ville, fondée « en dehors des traditions
consacrées par l'expérience. » II

CHAPITRE PREMIER. — POURQUOI ENGRAIS CHIMIQUES ? 1

Emploi agricole des sels de potasse et de magnésie :
Lettre à M. Dumas 3

MM. Lawes et Gilbert ont employé les sels minéraux bien
avant M. Ville, qui a imaginé de leur donner un nom
nouveau pour faire croire qu'il les a inventés 8

30 ou 40,000 kilogrammes dans un bocal 11

Sommes-nous incompétent parce que nous sommes producteur d'engrais ? Nos efforts en faveur des sels alcalins et des phosphates 12

CHAPITRE II. — DE L'ENSEMBLE DE LA DOCTRINE DITE
DES ENGRAIS CHIMIQUES, ET DES MOYENS EMPLOYÉS POUR
LA FAIRE PRÉVALOIR 17

Le nouvel exposé de la doctrine est rempli de contradictions 2

Ce que M. Ville aurait dû faire pour prouver l'inutilité de l'humus... 22
Comparaison de l'alimentation des plantes avec celle de l'homme 24
Action complexe du fumier 25
La Société centrale d'agriculture de Paris a discuté et repoussé les idées de M. Ville 28
Il n'a pas accepté des expériences comparatives à faire sur le terrain 31
Savants et agriculteurs qui ont condamné la doctrine 34
Elle n'est qu'une modification de l'idée principale qui était admise avant lui 37
Champs d'expérience de Mathieu de Dombasle, du comte de Gasparin, de M. Stockhardt, de MM. Lawes et Gilbert, de M. Bobierre, de M. E. de Beaumont. — Banque des engrais du baron Rivet 38
Formules d'engrais chimiques du docteur Delattre en 1847. 39
Expérience de M. Ponsard 42
Cause du renchérissement des engrais 49
Essais à encourager pour en diminuer le prix 51
Expériences récentes sur les engrais chimiques 53
Prétentions de la doctrine de M. Ville empruntées à tout le monde 55

CHAPITRE III. — PRÉFACE DE M. VILLE: Le travail de la végétation lui est connu *dans son principe* 57
Il peut produire un végétal artificiellement. — Quantité inépuisable d'engrais chimiques qualifiés de *nouveaux agents* 59
Leur emploi constitue de *nouveaux procédés* 61
Comment on s'y prend dans les départements du Nord pour se passer d'engrais chimiques et obtenir de forts rendements 63

CHAPITRE IV. — PREMIER ENTRETIEN: Personnalité de M. Ville 67
M. Liebig est le parrain de l'alimentation exclusive au moyen des sels 69

Revue rétrospective de l'emploi des phosphates   70
    —   —   des alcalis et des nitrates.   71
    —   —   du sulfate d'ammoniaque.   72
    —   —   du sulfate de chaux ou
                                     plâtre   73
Revue rétrospective de l'emploi du guano   74
Opposition frappante entre la physionomie du livre de
    M. Ville et celle des ouvrages qui l'ont précédé : la Belle
    au bois dormant   75
Amélioration des plantes sauvages : L. Vilmorin   76

CHAPITRE V. — DEUXIÈME ENTRETIEN   77
    Contradictions et variations de M. Ville   78
    Principe de M. Moll sur la direction du travail agricole ...   80
    Sources du carbone : expériences de MM. Boussingault et
        Lewy   83
    Erreur de M. Ville sur les dépôts de détritus végétaux.
        — Sources d'azote   84
    Contradiction à propos des nitrates et des carbonates
        comparés   86
    Contradiction à propos du nitrate de soude   87
    Un abîme sépare M. Ville de M. Boussingault   90

CHAPITRE VI. — TROISIÈME ENTRETIEN : Des substances
    minérales   91
    Déclaration en opposition avec ses assertions continuelles.   93
    Comparaison du sable calciné avec la terre   95
    Composition qualitative de l'engrais dit complet et des
        éléments mécaniques du sol   96
    Propriété de l'argile de conserver l'azote signalée par
        MM. de Gasparin et Payen. — Oubli de M. Ville con-
        cernant la silice   97
    Contradiction à propos de l'humus   98
    M. Joigneaux   99
    Propriétés absorbantes de l'humus pour l'eau et la cha-
        leur   100
    L'humus recueille et condense les produits gazeux pro-

308   **TABLE DES MATIÈRES.**

venant de la décomposition des matières végétales et animales contenues dans le sol... 101

Sous l'action du carbonate d'ammoniaque il est absorbé par les racines des plantes, suivant Soubeiran. Sa composition, suivant le même 102

Différentes espèces d'humus. M. Ville n'y fait pas de différence. M. Carbouères.. 104

Humus de Soubeiran.. 106

La terre des champs d'expérience de Vincennes riche en humus.. 107

Expérience de Soubeiran sur l'humus............................ 108

    —   du comte de Gasparin sur l'humus.......... 110

Opinion de M. Lecouteux...................................... 111

Expérience de M. Ville favorable à l'humus à son insu : tailles diverses du blé... 115

Son analyse du sol de Vincennes est incomplète................. 116

Résultats de la culture du blé à Vincennes..................... 117

Contradictions nouvelles...................................... 118

Erreurs d'appréciation provenant de la petitesse des parcelles de terre.. 119

Résultats d'expériences faites avec les engrais de l'industrie.. 120

Étendue des variations dans les récoltes dues aux intempéries atmosphériques.. 121

État d'inertie des éléments des végétaux allégué par M. Ville.. 123

État d'inertie surmonté dans certains cas..................... 124

Notion de l'aliquote des fumures............................. 125

Place du fumier de ferme dans une rotation : son enfouissement 126

Champs d'expériences : témoignage de M. de Gasparin.. 128

Nouvelles contradictions..................................... 130

CHAPITRE VII. — QUATRIÈME ENTRETIEN : Contradictions; cendres de fumier.. 134

La vérité sur l'expérience de M. du Peyrat.................... 136

La fumure au *maximum*. MM. Bella, Lecouteux............. 140

Les rendements de la ferme de Masny et le prix du fumier.. 143

L'azote, la potasse et l'acide phosphorique coûtent moitié
  moins.................................... 148
Défrichements dans la Bretagne et l'Allier............ 149
Répétitions continuelles de M. Ville : Le cirque de Franconi.................................... 150
La doctrine de M. Ville et le camp de Châlons........ 151
Discussion des formules d'assolement avec engrais chimi-
  ques.................................... 153
Question des litières pailleuses et de l'argile marneuse.. 156
Assolement de quatre ans, fumure insuffisante.......... 158
  — de deux ans, combustion des pailles et siliques
       de colza : perte de 84 k. 72 azote......... 160
  — de cinq ans, fumure très-insuffisante........ 161
  — de quatre ans, —   — 163
Le sulfate d'ammoniaque appliqué aux betteraves...... 165
Assolement de six ans. Défi porté à M. Ville.......... 167
Composition de la récolte de lin.................... 171
Consommations diverses de l'assolement de six ans...... 173
Insuffisance des engrais chimiques fournis à cet assole-
  ment.................................... 175
Insuffisance des cinq assolements réunis.............. 175
Excédant de dépense résultant de l'emploi des engrais
  chimiques comparés au fumier.................... 177
Excédant de dépense résultant de l'emploi des engrais de
  l'industrie.................................... 180

CHAPITRE VIII. — CINQUIÈME ENTRETIEN : Comparaison
  du fumier aux engrais chimiques, doctrine de M. Ville résumée dans six propositions : composition de 40,000 kilogrammes de fumier............................ 183
Engrais chimiques équivalents...................... 184
Examen des six propositions. M. de Gasparin, la fumure
  au maximum.................................... 185
Expériences de M. Ville sur du blé, dans du sable calciné.................................... 187
Le magicien.................................... 188
Les escamoteurs : comparaison des produits en blé sur
  engrais complet avec et sans humus.............. 190
L'engrais complet sans humus produit 3 hectolitres 84,

par hectare.. 194
Continuation de l'examen des six propositions de M. Ville. 196
Emploi séculaire des engrais complémentaires : le nitre
　　cité par Virgile.. 202
Historique de l'emploi de ces engrais....................... 207
Le sulfate d'ammoniaque....................................... 209
Les nitrates... 212
Centaines de millions dont l'agriculture française est re-
　　devable à Mathieu de Dombasle........................... 215
Les phosphates... 215
Les alcalis.. 219
Fumier de Thier-Garten : son prix comparé à d'autres... 221
Les *lagoni* de la Toscane : la maladie des pommes de
　　terre et M. Ville... 225

CHAPITRE IX. — SIXIÈME ENTRETIEN : Engrais chimiques
et fumiers.. 227
　　Un sauveur.. 229
　　Balance rectifiée par la combustion des pailles et siliques
　　　de colza... 233
　　Un sac de pommes de terre par M. A. de Gasparin..... 234
　　Les dominantes.. 234
　　Conclusions sans appel de M. Georges Ville.............. 238
　　Le fumier seul rend trois fois plus que les engrais chimi-
　　　ques.. 240

CHAPITRE X. — APPENDICE. Pratiques et formules d'assole-
ment.. 241
　　Inconstance des formules de M. Ville. Variations incom-
　　　préhensibles... 242
　　Fumures en couverture..................................... 247
　　Champs d'expérience.. 248
　　MM. Bobierre, Cossigny, le prince de Salm-Hortsmar les
　　　ont conseillés bien avant M. Ville....................... 254
　　Les cultures continues sans fumier........................ 259
　　　—　　　　　— du blé à Vincennes avec engrais
　　　chimiques donnent des récoltes décroissantes.......... 260
　　Expériences de MM. Lawes et Gilbert: leur explication.. 261
　　Travail de M. I. Pierre sur l'épuisement du sol par les
　　　prairies artificielles...................................... 263

Le brevet d'invention de M. Ville.................... 264
M. Ville contrefacteur de M. I. Pierre................ 266
La banque des engrais de M. Ville et ses conséquences.. 267
Indifférence de M. Ville pour le bétail.............. 271

RÉSUMÉ ET CONCLUSION........................... 272
Lettre de M. Gilbert de Rothamsted sur les engrais chi-
    miques.. 277
Opinion motivée de M. Risler sur les engrais chimiques.. 279
    —   de M. Perrot   —   —   284
    —   de M. Crussard   —   —   286
    —   de M. Le Leurch   —   —   288
Opinion motivée de MM. Texier, Roullet et Renault sur
    les engrais chimiques......................... 296
    —   de M. Saunier   —   —   297
    —   de M. Ch. de Mersey   —   297
Expérience entreprise chez M. Gareau................ 299
Opinion de M. de Kergorlay........................ 300
    —   de M. de Mersey............................ 300
Conséquences pour l'agriculture du bruit fait à l'occasion
    des engrais chimiques............................ 301

FIN DE LA TABLE DES MATIÈRES.

www.ingramcontent.com/pod-product-compliance
Lightning Source LLC
LaVergne TN
LVHW010301190726
843502LV00014B/868